AF599693

CSIC

CATARATA

Los insectos comestibles en el mundo

COLECCIÓN**DIVULGACIÓN**

Los insectos comestibles en el mundo

Ligia Esperanza Díaz Prieto (coordinadora)

Madrid, 2025

Con la COLECCIÓN DIVULGACIÓN, el CSIC cumple uno de sus principales objetivos: proveer de materiales rigurosos y divulgativos a un amplio sector de la sociedad. Los temas que forman la colección responden a la demanda de información de los ciudadanos sobre los temas que más les afectan: salud, medioambiente, transformaciones tecnológicas y sociales… La colección está elaborada en un lenguaje asequible y cada volumen está coordinado por destacados especialistas de las materias abordadas.

Catálogo de publicaciones de la Administración General del Estado:
https://cpage.mpr.gob.es

MINISTERIO
DE CIENCIA, INNOVACIÓN
Y UNIVERSIDADES

Acceso a la bibliografía completa
y a la declaración de uso de la IA

Ilustraciones de cubierta e interiores: Silvia Pérez Cuadrado Hedström

ISBN (CSIC): 978-84-00-11565-4
e-ISBN (CSIC): 978-84-00-11566-1
ISBN (Catarata): 978-84-1067-493-6
NIPO: 155-25-204-8
e-NIPO: 155-25-205-3
THEMA: PDZ/ TDCT
Depósito legal: M-25.926-2025

En esta edición se ha utilizado papel ecológico sometido a un proceso de blanqueado ECF, cuya fibra procede de bosques gestionados de forma sostenible.

Índice

Silvia

Ascensión Marcos Sánchez

Prólogo

A través de la historia, el ser humano ha utilizado múltiples formas de alimentarse, variando según las épocas tanto el tipo de alimentos como los métodos usados para su elaboración y cocinado, aunque la nutrición siempre ha sido merecedora de atención para todas las culturas. Recordemos que en la antigua Grecia, el gran erudito Hipócrates fue el autor de una de las frases más famosas de la historia: "Que tu medicina sea tu alimento, y el alimento tu medicina", una sentencia que sigue vigente hoy en día y que no deja de escucharse entre los científicos más influyentes en nutrición. Sin embargo, no pueden olvidarse las épocas de hambruna que ha sufrido la humanidad debido a situaciones bélicas o fenómenos naturales como las catástrofes climáticas, evidentemente con peores consecuencias para los países menos desarrollados.

Por todo ello, hay que seguir investigando e innovando. En esta obra divulgativa tenemos un magnífico ejemplo de ese sentimiento que implica seguir adelante, sin ponerse frenos ante la adversidad, empezando a aparecer algo que hasta ahora había estado escondido, como es la práctica de la entomofagia, es decir, la alimentación a través de los insectos.

Si bien es cierto que sigue habiendo muchas trabas a nivel cultural en cuanto a este tema, sobre todo en Europa, estaremos de acuerdo en que poco a poco y teniendo en cuenta la sostenibilidad y, sobre todo, el desbloqueo de situaciones deficitarias alimentarias, la aplicación de la entomofagia empieza a ser una buena opción alternativa.

La pauta en este libro la refrendan profesionales de la salud pertenecientes a universidades y centros de investigación de diversos países latinoamericanos (Argentina, Brasil, Colombia, México), además de grupos de investigación españoles y franceses, que presentan y analizan los pros y los contras de este nuevo arte de la alimentación, a la que quizá muchos de nosotros no habíamos prestado atención por una aversión cultural, pero con la que se está empezando a paliar situaciones de malnutrición.

Es un buen comienzo, además, para el trabajo conjunto de todos los autores, que se está plasmando ya en la actualidad y que se verá refrendado en un futuro no muy lejano.

Nicoletta Righini

1. El consumo de insectos en la evolución humana

Actualmente, en aproximadamente la mitad de los países del mundo existen culturas y sociedades que incluyen el consumo de insectos como parte de sus prácticas alimentarias. Se ha documentado que más de dos mil especies son comestibles y utilizadas como alimentos por los seres humanos [1]. Los países en donde estos hábitos son más comunes se encuentran principalmente en las regiones tropicales, mientras que su frecuencia disminuye conforme aumenta la distancia del ecuador. Esta distribución probablemente se relaciona con factores climáticos, ya que la biodiversidad y la riqueza de especies tienden a ser mayores en las zonas ecuatoriales y tropicales, lo que facilita la disponibilidad de insectos y, por ende, su inclusión en la dieta [2].

En contraste, hoy en día en muchas otras regiones del mundo el consumo de insectos no solo es poco común, sino que incluso se percibe con aversión o rechazo. Sin embargo, no siempre fue así. Existe evidencia de que, aun en regiones no tropicales, a lo largo de la historia numerosas civilizaciones incorporaron insectos en su dieta. Por ejemplo, los griegos y los romanos consumían langostas, saltamontes, cigarras y escarabajos; en China, durante la dinastía Ming, los insectos se valoraban tanto por su composición nutricional como por sus propiedades medicinales, y en textos religiosos del cristianismo, judaísmo e islam se mencionan algunos insectos (incluyendo langostas, saltamontes, piojos y termitas) como alimentos permitidos o como recursos en tiempos de escasez [3]. Estos ejemplos revelan una relación ancestral entre los humanos y los insectos comestibles, pero invitan a plantearse una pregunta más amplia: ¿qué evidencias existen sobre el consumo de insectos a lo largo de la evolución de nuestra especie?

En este capítulo se exploran las evidencias del consumo de insectos durante la evolución humana, desde los australopitecinos hasta las diferentes especies del género *Homo*. A través del registro paleoarqueológico (por ejemplo, de herramientas y restos fósiles) y mediante comparaciones con las conductas de forrajeo de primates no humanos actuales como los chimpancés, se busca reconstruir qué papel jugaron los insectos en la dieta de los primeros homininos y sus sucesores.

Paleodietas

La función de la dieta en la evolución humana ha sido y continúa siendo prominente. Cambios importantes en las dietas se han asociado con momentos cruciales durante la evolución tales como el uso de herramientas, el control del fuego, la expansión del cerebro, la formación de grupos sociales estables, la cooperación y la domesticación de plantas y animales. Conocer cómo la disponibilidad de diferentes alimentos ha cambiado y fluctuado en el tiempo y cómo las dietas han ido modificándose es fundamental para entender de qué manera, cuándo y dónde han evolucionado los humanos. Sin embargo, ¿cómo saber exactamente qué comían los primeros homininos hace varios millones de años? Las investigaciones antropológicas típicamente se han centrado en reconstruir los tipos de alimentos que se consumían y cómo se utilizaban, tomando en cuenta no solo la anatomía, fisiología y el comportamiento de los individuos, sino también la tecnología disponible. Para esto, antes que nada, es importante integrar los conocimientos de varias disciplinas, desde la paleoantropología, la antropología biológica y la genética evolutiva hasta las ciencias biomédicas, nutricionales y sociales.

Las reconstrucciones de las dietas ancestrales se pueden llevar a cabo actualmente gracias a diferentes enfoques y a la combinación de tres grandes fuentes de información que permiten acercarnos a lo que comían los homininos a lo largo de su evolución.

En primer lugar, el análisis de la evidencia fósil proporciona pistas muy valiosas. En particular, los dientes son las partes del cuerpo que se mantienen y recuperan más fácilmente en los sitios arqueológicos y se pueden considerar como partes no perecederas del sistema digestivo de los individuos. Su forma, tamaño y estructura revelan adaptaciones a ciertos tipos de alimentación, aunque no proveen información sobre las dietas exactas. Más reveladores aún son los análisis microscópicos del desgaste dental, ya que los dientes mantienen "huellas" y trazas de los alimentos comidos; también los estudios de isótopos estables, que son variantes de elementos químicos como el carbono o el nitrógeno que no se descomponen con el tiempo. Mientras que el desgaste microscópico revela las texturas de los alimentos masticados, los isótopos estables funcionan como una "firma química" que se conserva en el esmalte dental durante toda la vida, brindando información sobre los tipos de plantas consumidas y el entorno en que los individuos vivieron, aportando datos sobre la paleodieta, el paleoclima y la paleoecología. Sin embargo, para algunos tipos de alimentos como los insectos, la evidencia más directa proviene de los coprolitos o heces fosilizadas, que en ocasiones pueden conservar restos de insectos no digeridos, como fragmentos de alas o patas.

En segundo lugar, el estudio de primates no humanos modernos, especialmente chimpancés y bonobos, nuestros parientes vivos más cercanos, nos ofrece un laboratorio natural para entender comportamientos que podrían ser ancestrales. Observar el modo en que estos primates usan herramientas para extraer termitas de sus nidos (termiteros) o cómo seleccionan ciertas hormigas por sus propiedades medicinales provee información valiosa sobre lo que pudo haber ocurrido en nuestro propio pasado evolutivo.

Finalmente, también podemos recurrir al estudio de las poblaciones contemporáneas de cazadores-recolectores, cuya dieta se considera una referencia estándar en la evolución de la nutrición humana. La información obtenida de estas poblaciones modernas incluye datos cuantitativos sobre su alimentación y comportamiento, así como muestras biológicas que permiten analizar cómo ciertos parámetros fisiológicos están asociados a diferentes tipos de subsistencia y estilos de vida.

Los homininos

Los humanos modernos actuales (*Homo sapiens sapiens*) pertenecemos a la superfamilia de los hominoideos, que incluye también a los simios menores (gibones y siamangos, que viven en las selvas del Sudeste Asiático) y a los grandes simios (orangutanes en el Sudeste Asiático y gorilas, chimpancés y bonobos en África). Según la evidencia fósil y genética, los humanos compartimos un antepasado común con chimpancés y bonobos que vivió hace aproximadamente seis millones de años. Este último ancestro común fue una especie de primate no precisamente identificada, de la cual luego divergieron los linajes que llevarán, por un lado, a los chimpancés y bonobos modernos y, por el otro, a los homininos, los cuales incluyen a los humanos modernos y a otras especies extintas de nuestra línea evolutiva. La evolución de nuestra especie a partir de los ancestros simiescos del Mioceno fue un proceso complejo, no lineal ni directo (figura 1.1). A lo largo de este camino surgieron muchas ramas evolutivas laterales, algunas de las cuales culminaron en callejones sin salida, con especies que, aunque fueron exitosas durante millones de años, terminaron por extinguirse.

Los homininos arcaicos, como *Sahelanthropus tchadensis*, *Orrorin tugenensis* y *Ardipithecus ramidus*, vivieron entre hace siete y cuatro millones de años en entornos boscosos de África. Aunque haya indicios de que

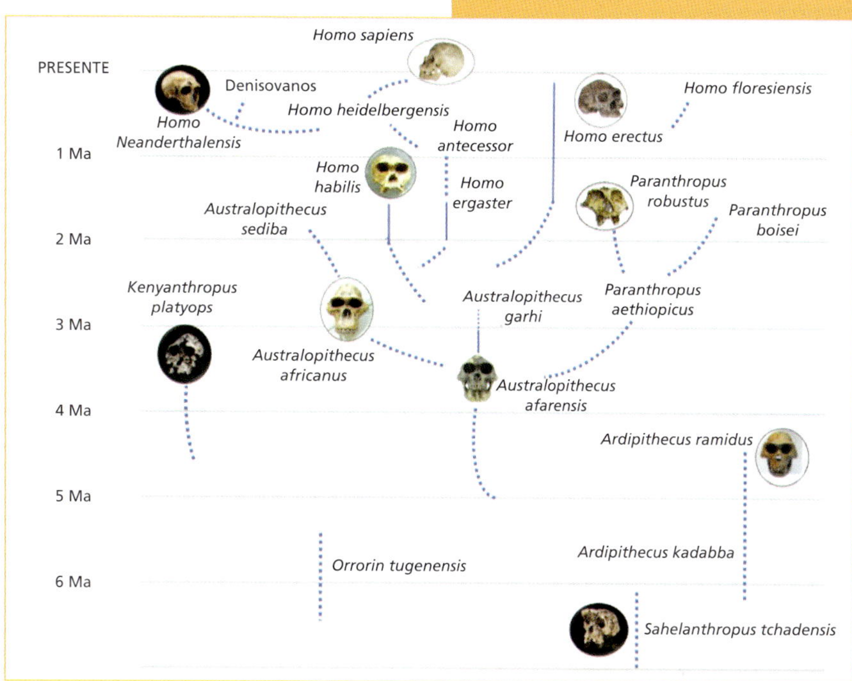

Figura 1.1. Esquema de la evolución de los homininos. Solo se muestran algunas de las especies más representativas. Ma = millones de años.
Fuente: R. Toro, LiveScience.com, American Museum of Natural History.

fueran bípedos, aún conservaban comportamientos arborícolas y probablemente seguían una dieta basada en frutos, hojas y otros vegetales blandos. No hay evidencia directa sobre su consumo de insectos, pero su alimentación era probablemente diversa y oportunista, como la de otros primates del Mioceno.

Los australopitecinos, primeros representantes del género *Australopithecus*, surgieron hace cuatro millones de años y vivieron en diversas regiones de África durante casi tres millones de años. Su éxito evolutivo se refleja en la variedad de ambientes que ocuparon, desde bosques húmedos hasta praderas secas. Gracias al amplio registro de fósiles encontrados, es posible interpretar con relativo grado de certeza aspectos de su comportamiento, incluyendo su dieta y el uso de herramientas. Aunque su cerebro era aún pequeño, ya caminaban erguidos y posiblemente utilizaban los árboles como refugio. Sus adaptaciones dentales y mandibulares indican que podían procesar alimentos duros, como raíces, tubérculos, nueces y semillas, sobre todo en épocas de escasez. Un subgrupo de estos homininos, los llamados australopitecinos robustos del género *Paranthropus*, llevó estas adaptaciones al extremo, desarrollando mandíbulas poderosas y molares enormes. Estudios isotópicos muestran que su dieta incluía plantas como gramíneas y rizomas ricos en carbohidratos, más propias de hábitats de sabana. Otros recursos que los australopitecinos muy probablemente aprovecharan fueron las termitas, ya que en Sudáfrica se han encontrado más de cien herramientas fabricadas con fragmentos de huesos largos de animales que pudieron haber sido utilizados para "pescar" dentro de montículos o nidos de termitas [4]. Las estrías observadas en estas herramientas, estrechas y paralelas al eje longitudinal del hueso, coinciden con las marcas de desgaste producidas al introducir instrumentos en los sedimentos finos de los termiteros, en contraste con las marcas más irregulares que deja la excavación en suelos compactos al buscar tubérculos o raíces. Esta estrategia habría permitido a los australopitecinos acceder a las cámaras internas de los termiteros y recolectar ninfas ricas en grasa. El consumo de insectos sociales como termitas, hormigas y abejas sin aguijón, todas especies que forman colonias numerosas y cuyos nidos son relativamente fáciles de localizar, pudo representar un componente clave de la dieta de los australopitecinos. Estos insectos son una fuente excelente de proteína (termitas soldado), lípidos (larvas), ácido linoleico (termitas aladas) y minerales como hierro y zinc [5].

El surgimiento del género *Homo*, hace entre tres y dos millones y medio de años, marcó un punto de inflexión en la evolución humana al incorporar una serie de innovaciones morfológicas, cognitivas y conductuales asociadas a nuevas estrategias dietéticas. Entre los primeros representantes se encuentran *Homo habilis* y *Homo rudolfensis*, cuyos restos se han hallado junto a herramientas líticas que probablemente se empleaban no solo para procesar carne, sino también para acceder a recursos vegetales duros. Sin embargo, con el *Homo erectus*, a partir de hace 1,9 millones de años, aparecen por primera vez cuerpos y cerebros considerablemente más grandes, lo que sugiere un aumento en las demandas energéticas y, en consecuencia, cambios sustanciales en la dieta y el comportamiento de forrajeo. Se ha propuesto que durante esta fase de transición, el consumo de insectos adquirió un papel más estructurado y relevante, asemejándose más a las prácticas de recolección de insectos observadas en sociedades de cazadores-recolectores actuales que al oportunismo insectívoro de otros primates no humanos (figura 1.2).

El *Homo erectus* fue también la primera especie humana en salir de África, expandiéndose hacia Eurasia y colonizando ambientes muy diversos. Esta dispersión global refuerza la idea de una dieta amplia, en la que el consumo de insectos pudo desempeñar un papel estratégico para satisfacer las crecientes necesidades energéticas. En Sima del Elefante, España, el cálculo dental de

Figura 1.2. Representación de una hembra de *Homo erectus* recolectando insectos para complementar su dieta, observada por un infante del grupo.

Figura 1.3. Escarabajo de junio de diez líneas (*Polyphylla decemlineata*), una de las especies identificadas en los coprolitos humanos hallados en las cuevas de Paisley (Oregón).

un hominino de hace 1,2 millones de años reveló fragmentos de insectos (una escama de ala de lepidóptero y parte de una pata), lo que constituye una de las evidencias directas más antiguas del contacto del género *Homo* con insectos en Europa [6].

A lo largo del Pleistoceno, especies como el *Homo heidelbergensis* y el *Homo neandertalensis* continuaron diversificando su dieta, y aunque la carne constituyó un componente dominante, la flexibilidad dietética, que incluyó alimentos de origen vegetal y posiblemente insectos, fue una ventaja adaptativa clave. Análisis de desgaste dental de los neandertales indican variabilidad en la dieta según la posición geográfica: grupos que vivían en el norte de Europa, con largos periodos muy fríos, utilizaban mucha más carne que grupos en Europa del sur y en la costa mediterránea, en donde la dieta incluía plantas y hasta moluscos y mamíferos marinos. En los climas más fríos, los renos, presa común de los neandertales, pueden albergar una mosca parásita, cuyas larvas eclosionan de huevos depositados en su pelaje durante el verano, penetran la piel y permanecen allí durante meses, emergiendo como adultas en primavera. Los renos infectados se debilitan, lo que los convierte en presas fáciles. Al procesar estos animales en invierno, es posible encontrar las larvas, que hoy en día son consideradas una fuente alimenticia valiosa por los pueblos tlicho de las Primeras Naciones de Canadá. Es probable que los neandertales también aprovecharan estas larvas como alimento. Además, algunas representaciones del arte paleolítico temprano en Europa muestran figuras vermiformes que, según algunos autores, podrían aludir a estas larvas.

En el *Homo sapiens*, la plasticidad alimentaria se acentuó aún más, lo que permitió la colonización de una gran variedad de ecosistemas y ambientes. Desde hace doce mil años se inició un nuevo reto: producir alimentos y transformar activa y sistemáticamente su entorno. Así empezaron, independientemente en diferentes partes del mundo, la agricultura y la domesticación de animales, contribuyendo a que se formaran tradiciones alimentarias, preferencias y comportamientos alimentarios regionales y diferenciados. No obstante, el consumo de insectos persistió en muchas culturas humanas y probablemente pudo haber sido fundamental tanto como fuente energética como por su rol en la expansión cognitiva y ecológica de nuestra especie.

El análisis de coprolitos ha ofrecido una evidencia contundente del consumo de insectos en tiempos prehistóricos más recientes. Por ejemplo, en la cueva Lakeside del Gran Lago Salado, en la región del Great Basin (Estados Unidos), se encontraron coprolitos humanos de hace aproximadamente 4.500 años, que contenían restos del saltamontes *Melanoplus sanguinipes*. Estos insectos habrían sido recolectados en la orilla del lago, limpiados en la cueva y luego consumidos [7]. También los coprolitos recuperados en las cuevas de Paisley, en Oregón, han proporcionado evidencia directa del consumo de insectos durante el Holoceno temprano [8]. Se han encontrado abundantes restos bien conservados de escarabajos (como *Polyphylla* cf. *decemlineata*, *Eusattus muricatus* y *Eleodes obscura sulcipennis*) (figura 1.3), grillos de Jerusalén (*Stenopelmatus* cf. *fuscus*) (figura 1.4) y hormigas (*Camponotus* sp.) (figura 1.5), lo que sugiere un consumo intencional. Varios de estos insectos tienen una

Figura 1.4. Grillo de Jerusalén o "cara de niño" (*Stenopelmatus fuscus*), identificado en coprolitos humanos del Holoceno temprano.

Figura 1.5. Hormiga carpintera del género *Camponotus*. Restos de estas hormigas han sido identificados en coprolitos humanos del Holoceno temprano en Norteamérica. También forman parte de la dieta actual de chimpancés (*Pan troglodytes*) en África.

distribución estacional que coincide con las épocas de ocupación, y algunos, como el escarabajo de junio de diez líneas, están documentados etnográficamente como alimentos de los pueblos shoshone y paiute, del norte de California, quienes los consumen asados.

La presencia de insectos con características defensivas como el escarabajo del género *Eleodes*, conocido por su glándula odorífera y, por lo tanto, por su sabor desagradable, podría indicar un consumo con fines medicinales, práctica conocida entre grupos que viven en zonas áridas, como los navajos.

Estudios similares han identificado restos de quitina de insectos en coprolitos humanos hallados en otros estados de América del Norte, como Arizona, Arkansas, Colorado, Texas, Kentucky, Misuri, Nevada y Utah, así como en México y Perú. Coprolitos encontrados en cuevas del actual estado de Tamaulipas, en México, indican que, a lo largo de milenios (desde hace aproximadamente 8.700 hasta 450 años atrás), los habitantes del lugar consumían habitualmente saltamontes, orugas, hormigas, moscas, escarabajos, abejas y avispas. En conjunto, toda esta evidencia indica que comer insectos fue una práctica común y bastante extendida entre distintos grupos humanos en diversas épocas y lugares.

Los primates no humanos

El consumo de insectos se considera un componente central en la evolución de los primates. Existen evidencias fósiles que indican que muchos de los primeros primates eran insectívoros y mostraban adaptaciones dentales asociadas a la ingestión de insectos de cuerpo duro, como los escarabajos. Este tipo de presas, aunque menos energéticas que otros alimentos, pudo haber favorecido el surgimiento de características como una locomoción ágil, manos prensiles y una visión más precisa. Así, la búsqueda o caza de insectos no solo habría influido en la dieta, sino también en el desarrollo sensorial y motor de los primeros primates [9].

Actualmente, la mayoría de las especies de primates no humanos silvestres consumen insectos en diferentes cantidades, incluso los que tienen dietas predominantemente frugívoras (basadas en frutos) o folívoras (basadas en hojas). Las cantidades ingeridas varían según el tamaño corporal y el nicho ecológico. En los primates más pequeños (de menos de 1 kg), como algunos lémures, tarsios, loris, tities y monos ardilla, los insectos suelen representar una parte sustancial de la dieta, ya que tienen un alto contenido energético y pueden capturarse fácilmente en pequeñas cantidades. En cambio, los primates de mayor tamaño, como gorilas, orangutanes y chimpancés, tienden a consumir insectos de manera más esporádica o concentrada, especialmente cuando se presentan en agregaciones abundantes, como en enjambres o colonias sociales.

Uno de los comportamientos más estudiados y emblemáticos en este sentido es el uso de herramientas por parte de chimpancés silvestres (*Pan troglodytes*) para extraer termitas de sus nidos o montículos (figura 1.6). Este comportamiento fue descrito por primera vez por Jane Goodall en la década de 1960 en el Parque Nacional de Gombe, en Tanzania. Su hallazgo representó una revolución científica: mostró que los chimpancés no solo fabricaban herramientas, por ejemplo modificando pequeñas ramas o tallos de hierba para introducirlas en los túneles de los termiteros, sino que también las utilizaban con destreza para obtener alimentos ricos en nutrientes. El descubrimiento de estas conductas obligó a replantear las capacidades que se creían exclusivas de los humanos, particularmente en lo referente al uso intencional y flexible de herramientas.

Estudios posteriores han mostrado que la "pesca de termitas" no solo ocurre en una población, sino que aparece en diversas comunidades de chimpancés en África, con variaciones regionales que sugieren procesos de aprendizaje social y transmisión cultural. Además, se ha observado que las hembras jóvenes aprenden más rápido y dedican más

Figura 1.6. Chimpancé utilizando una pequeña rama para extraer termitas de un termitero, un ejemplo clásico del uso de herramientas en primates no humanos silvestres.

tiempo a esta práctica que los machos, lo que ha llevado a reflexionar sobre el papel de las hembras como agentes de innovación en ciertos contextos ecológicos.

Los chimpancés también muestran una notable selectividad en cuanto a las especies de insectos que consumen. Por ejemplo, aunque en África existen más de 85 géneros de termitas, se ha observado que solo se alimentan de ocho de ellos. En particular, prefieren las del género *Macrotermes*, aun cuando no siempre son las más abundantes en su entorno. Además de las termitas, los chimpancés utilizan herramientas para extraer hormigas (de los géneros *Dorylus* y *Camponotus)* de nidos subterráneos empleando para ello varas largas y rígidas hechas de ramas o tallos herbáceos [2].

Sin embargo, no solo los chimpancés emplean estrategias complejas para acceder a insectos. Los monos capuchinos del género *Cebus* y *Sapajus*, en América Central y del Sur, muestran una notable inteligencia sensoriomotora que se manifiesta, entre otras cosas, en el uso de herramientas para procesar alimentos difíciles de obtener, como ciertos insectos [10]. La disponibilidad estacional de estos recursos, especialmente durante épocas de escasez de frutos, parece haber sido un factor selectivo importante tanto para el desarrollo cognitivo de estos monos como, posiblemente, para el de los homininos tempranos.

Estas estrategias de forrajeo complejas proveen información para entender cómo los primeros homininos, siendo también primates grandes e inteligentes, podrían haber navegado su entorno para resolver retos similares: encontrar alimento, reproducirse y sobrevivir. Al estudiar el comportamiento de los chimpancés y otros primates, podemos elaborar analogías informadas sobre la vida cotidiana de nuestros antepasados. Así, la observación del comportamiento de los primates no humanos actuales se convierte en una herramienta fundamental para la paleoantropología.

Los cazadores recolectores

En las sociedades cazadoras-recolectoras, la alimentación no solo representa un acto de subsistencia, sino también una práctica ligada al entorno ecológico, la tecnología disponible y las formas de organización social. Antes del surgimiento de la agricultura y del comercio, la búsqueda diaria de alimentos dependía del conocimiento detallado del ambiente, la estacionalidad y la distribución de los recursos naturales. Aún hoy, en ciertas poblaciones contemporáneas, recolectar, cazar y también consumir insectos sigue siendo una práctica esencial. Aunque ya casi ninguna sociedad tradicional vive exclusivamente de alimentos silvestres, el estudio de estas poblaciones sigue siendo útil para reconstruir los patrones dietéticos de nuestros ancestros y explorar cómo la dieta pudo haber influido en la evolución biológica y cultural de nuestra especie.

Una de las poblaciones más estudiadas por los antropólogos es la de los !Kung, un pueblo san del desierto del Kalahari, en el sur de África. En esta sociedad existe una clara división del trabajo por género: los hombres cazan y recolectan ciertos alimentos durante sus salidas, mientras que las mujeres son responsables de gran parte de la recolección diaria. Respecto a los insectos, las mujeres desempeñan un papel central, ya que recolectan especies disponibles durante todo el año y aprovechan también recursos estacionales [2]. Por ejemplo, durante los vuelos nupciales de la termita *Hodotermes mossambicus* (evento reproductivo masivo en el que los individuos alados emergen simultáneamente de los nidos y vuelan para aparearse), las mujeres localizan sus nidos subterráneos, sellan las salidas con pasto, capturan los enjambres y los llevan a casa para tostar las termitas. Durante el año, si encuentran otros tipos de termiteros, utilizan pequeñas varas para obtener las ninfas y comerlas crudas. También recolectan saltamontes, escarabajos y hormigas. Un recurso especialmente valorado es la oruga de la mariposa nocturna *Agrius convolvuli*, cuya aparición estacional motiva a las mujeres a establecer campamentos temporales cerca de los árboles donde emergen, recolectarlas en grandes cantidades, tostarlas y secarlas para su conservación. Estas prácticas subrayan la importancia del valor nutricional de los insectos y también el profundo conocimiento y la inversión de tiempo que implica su recolección.

Por todo lo anterior, es fundamental seguir considerando a estos grupos como modelos para comprender mejor la evolución humana. En particular, se debería tomar en cuenta el papel de las mujeres, cuyo rol conductual ha sido con frecuencia ignorado en la paleoantropología [2]. En este sentido, la relevancia de los insectos en la dieta de las hembras de homininos durante millones de años ha sido subestimada frente a la narrativa centrada en la importancia de la caza de grandes presas. Como podemos ver en las sociedades de cazadores-recolectores actuales, la caza conlleva un alto riesgo de fracaso, mientras que la recolección de recursos más seguros y constantes como plantas, huevos e insectos representa una estrategia más fiable, ya que, además, estos alimentos pueden aportar muchos de los mismos nutrientes encontrados en la carne. Por lo tanto, el papel de las hembras/mujeres en la subsistencia ha sido indispensable y no debe ser pasado por alto en las reconstrucciones del comportamiento de los homininos.

Conclusiones

Como hemos visto a lo largo de este capítulo, la inclusión de insectos en la dieta de los primates humanos y no humanos no solo ha ofrecido y todavía ofrece beneficios energéticos y nutricionales, sino que también ha sido una fuerza evolutiva que ha moldeado comportamientos complejos, como la manipulación de objetos y el uso de herramientas, la planificación y la transmisión social de conocimientos. Estas capacidades, fundamentales para la evolución del linaje humano probablemente emergieron en un entorno que exigía flexibilidad, innovación y cooperación. Que hoy en día muchas personas en el mundo consideren el consumo de insectos comestibles como algo repugnante o ajeno a lo "normal" es, a final de cuentas, una construcción cultural. Los insectos pueden aportar proteínas de alta calidad, grasas saludables, vitaminas y minerales, y deberíamos reconsiderar seriamente su potencial en el futuro de nuestras dietas modernas, especialmente ante los desafíos ambientales y alimentarios que enfrentamos como especie.

Referencias

[1] Jongema, Y. (2017): "Worldwide list of edible insects", https://n9.cl/31rsf1.

[2] Lesnik, J. J. (2018): *Edible insects and human evolution*, University Press of Florida, Gainesville.

[3] Van Huis, A. *et al.* (2013): *Edible insects: Future prospects for food and feed security*, Food and Agriculture Organization of the United Nations, Roma.

[4] Backwell, L. R. y D'Errico, F. (2001): "Evidence of termite foraging by Swartkrans early hominids", *Proceedings of the National Academy of Sciences*, 98, pp. 1358-1363.

[5] Lesnik, J. J. (2014): "Termites in the hominin diet: A meta-analysis of termite genera, species and castes as a dietary supplement for South African robust australopithecines", *Journal of Human Evolution*, 71, pp. 94-104.

[6] Hardy, K. *et al.* (2017): "Diet and environment 1,2 million years ago revealed through analysis of dental calculus from Europe's oldest hominin at Sima del Elefante, Spain", *The Science of Nature*,104, pp. 1-5.

[7] Madsen, D. B. y Kirkman, J. E. (1988): "Hunting hoppers", *American Antiquity*, 53, pp. 593-604.

[8] Blong, J. C. *et al.* (2020): "Younger Dryas and early Holocene subsistence in the northern Great Basin: multiproxy analysis of coprolites from the Paisley Caves, Oregon, USA", *Archaeological and Anthropological Sciences*, 12, pp. 1-29.

[9] Rothman, J. M. *et al.* (2014): "Nutritional contributions of insects to primate diets: Implications for primate evolution", *Journal of Human Evolution*, 71, pp. 59-69.

[10] Melin, A. D. *et al.* (2014): "Seasonality, extractive foraging and the evolution of primate sensorimotor intelligence", *Journal of Human Evolution*, 71, pp. 77-86.

José María Hernández de Miguel, José Manuel Pino Moreno
y Ligia Esperanza Díaz Prieto

2. Descubriendo los insectos comestibles: características biológicas y diversidad

La clasificación de los seres vivos. Taxonomía y filogenia

La gran diversidad de la vida en nuestro planeta, con cerca de dos millones de especies conocidas, exige un sistema de clasificación y nomenclatura universalmente aceptada que permita a científicos de todo el mundo comunicarse y compartir información de forma inequívoca. La ciencia encargada de esta labor de nombrar y clasificar a los seres vivos de forma que se facilite su estudio y comprensión se denomina taxonomía.

La taxonomía se basa en un sistema de nomenclatura binomial que consiste en asignar a cada especie un nombre científico único compuesto por dos palabras en latín: el género y la especie. Este sistema, establecido en el siglo XVIII por el naturalista sueco Carl von Linné (1707-1778), también conocido como Carlos Linneo, permite estandarizar la forma en que se nombran y clasifican los seres vivos.

La nomenclatura binomial forma parte de un sistema más amplio de clasificación, que agrupa a los organismos en categorías basadas en sus similitudes y diferencias. Estas categorías se organizan en una jerarquía, de forma que las especies se agrupan en géneros, estos en familias, las familias en clases, las clases en filos, los filos en reinos y los reinos en dominios, con otras categorías intermedias.

La taxonomía moderna se apoya fundamentalmente en la filogenia, que estudia las relaciones de parentesco entre los organismos para reconstruir su historia evolutiva. Al desentrañar estas conexiones genealógicas, la filogenia proporciona el marco esencial para que la taxonomía construya clasificaciones que reflejen fielmente las relaciones evolutivas entre los seres vivos.

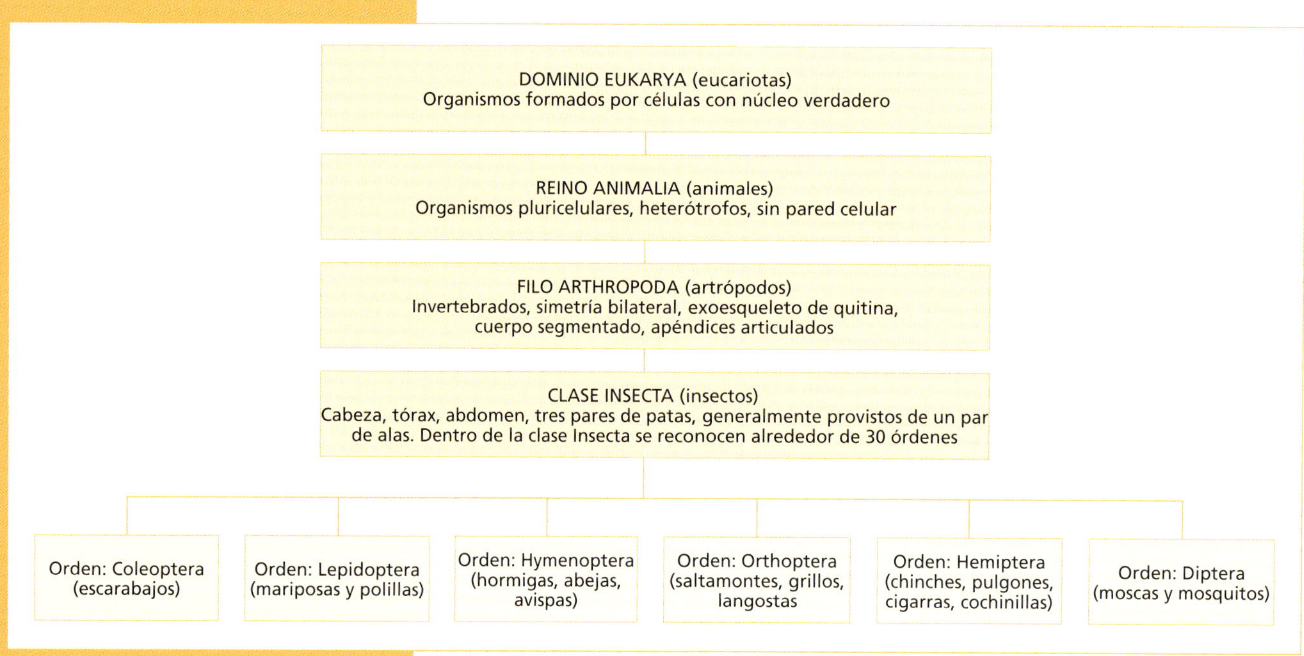

Figura 2.1. Grupo taxonómico de los insectos. Ejemplos de algunos de los órdenes más importantes entre los insectos comestibles.
Fuente: Elaboración propia.

Posición de los insectos en el árbol filogenético

Los insectos pertenecen al dominio Eukarya y dentro, de este, están incluidos en el reino Animalia. Constituyen el grupo de animales más diverso del planeta (figura 2.1).

Una gran diversidad y éxito evolutivo

Los insectos se encuentran entre los grupos de animales de mayor éxito evolutivo de la vida terrestre, debido a una combinación de factores clave. Su reducido tamaño les permite explotar nichos ecológicos inaccesibles para animales de mayor envergadura y su exoesqueleto les proporciona protección y soporte, al tiempo que minimiza la pérdida de agua, un factor crucial en la vida en tierra firme. Su capacidad de vuelo les ha conferido un amplio espectro de posibilidades para la dispersión, la búsqueda de alimento y la reproducción.

Su ciclo vital, que a menudo incluye una metamorfosis, hace posible su adaptación a diversos entornos en distintas fases de su desarrollo. La notable diversidad de sus piezas bucales les permite alimentarse de una amplia gama de recursos y su elevada tasa de reproducción asegura su supervivencia incluso frente a sus altos índices de mortalidad.

La asombrosa diversidad de formas, colores y adaptaciones etológicas que exhiben los insectos representa un arsenal de mecanismos adaptativos que han contribuido muy significativamente a su éxito evolutivo. Esta variabilidad les permite advertir de su toxicidad a través de coloraciones aposemáticas (muestran los colores más llamativos para indicar su peligrosidad), camuflarse crípticamente en su entorno para evitar la depredación o incluso imitar a otras especies, ya sea para protegerse o para engañar a sus presas. Son capaces de comunicarse químicamente a kilómetros de distancia, marcar inequívocamente una fuente de alimento o construir sociedades complejas formadas por millones de individuos.

Todas estas adaptaciones, moldeadas por la selección natural a lo largo de millones de años, les han permitido colonizar una amplia gama de nichos ecológicos, desde la polinización especializada hasta la depredación altamente específica.

Gracias a ello, son el grupo de seres vivos más diverso del planeta, con aproximadamente un millón de especies descritas, aunque las estimaciones sugieren que la diversidad real podría oscilar entre cuatro y cinco millones, incluyendo las especies aún no descubiertas.

Además, representan el grupo de animales con una distribución más amplia, adaptándose a prácticamente todos los ecosistemas terrestres y de agua dulce. Esta gran capacidad de adaptación les ha permitido colonizar desde los desiertos más áridos hasta los bosques tropicales más densos, e incluso las regiones polares, si bien su diversidad en estas últimas es considerablemente menor.

Una coraza articulada

Los insectos exhiben una anatomía segmentada distintiva. Su cuerpo se divide en tres regiones principales: la cabeza, el tórax y el abdomen (figura 2.2). La cabeza alberga las antenas, órganos sensoriales clave, los ojos y las piezas bucales, adaptadas a diversos modos de alimentación. El tórax, centro de la locomoción, soporta tres pares de patas y, en la mayoría de las especies, uno o dos pares de alas. El abdomen contiene los órganos internos, incluidos los sistemas digestivo, reproductor y excretor.

Como el resto de los artrópodos, su cuerpo se encuentra protegido por un exoesqueleto, una estructura externa rígida que sirve a la vez como protección y como soporte muscular. A pesar de su rigidez, el exoesqueleto de los artrópodos cuenta con numerosas articulaciones que permiten una gran libertad de movimiento y posibilita diversas formas de desplazamiento como la marcha, la natación o el vuelo.

Este exoesqueleto está compuesto principalmente de quitina (un polisacárido de N-acetilglucosamina) que es estructuralmente similar a la celulosa, pero con una diferencia clave: la presencia de un grupo amino en sus monómeros. Esta modificación incrementa significativamente la fuerza de los enlaces de hidrógeno entre las cadenas de quitina, confiriendo al exoesqueleto una mayor resistencia.

Sin embargo, la rigidez del exoesqueleto impone una limitación al crecimiento, ya que esta estructura no se expande a medida que el individuo crece. Para solventar esta restricción, los insectos han desarrollado la ecdisis, un proceso de muda que implica la renovación periódica del exoesqueleto.

Durante la ecdisis, se sintetiza una nueva cutícula por debajo de la antigua, y algunos de sus componentes pueden ser reutilizados. Mediante un incremento de la presión interna facilitado por la ingestión de aire o agua, el insecto rompe el antiguo exoesqueleto y se libera de él mediante contracciones musculares. La nueva cutícula, inicialmente blanda y flexible, permite la expansión volumétrica del insecto. Finalmente, este nuevo recubrimiento se endurece de manera gradual mediante un

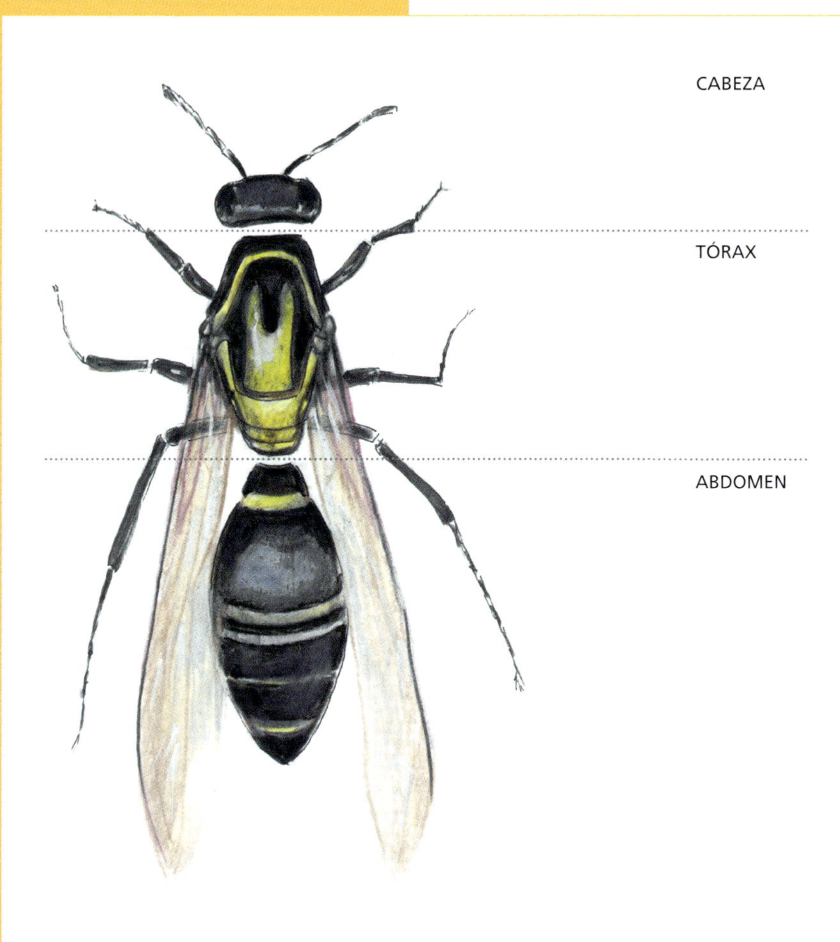

Figura 2.2. Regiones anatómicas del adulto de *Polybia liliacea* (arrendajera o avispa boburona). Sus larvas o pupas son consumidas por algunas etnias en la Amazonia colombiana.

proceso denominado esclerotización. Además de su función en el crecimiento, la ecdisis representa un mecanismo de regeneración de tejidos cuticulares dañados, eliminación de ectoparásitos y constituye un componente fundamental de la metamorfosis.

Reproducción, ciclo de vida y metamorfosis

La reproducción sexual es el modo de multiplicación más común en los insectos, con machos y hembras que se unen para la fertilización interna. Los machos producen esperma, que transfieren a la hembra a través de un órgano copulador (el *aedeagus*). Las hembras almacenan el esperma en una estructura llamada espermateca, pudiendo fertilizar los huevos incluso mucho tiempo después de la cópula y, en algunas especies, permitiendo a la hembra almacenar el esperma de varios machos.

El desarrollo de los huevos fertilizados puede ser externo (oviparidad), depositándose en un lugar adecuado, o interno (ovoviviparidad o viviparidad), desarrollándose dentro del cuerpo de la hembra, que da a luz crías vivas. Algunas especies muestran partenogénesis, proceso por el cual las hembras producen descendencia sin fertilización. La cantidad de huevos varía enormemente entre especies, desde unos pocos hasta miles. La forma en que el insecto se desarrolla a partir del huevo varía significativamente, dando lugar a dos patrones principales de desarrollo posembrionario.

Algunos insectos experimentan una metamorfosis incompleta, también conocida como hemimetabolismo. En este tipo de desarrollo, el huevo

Figura 2.3. Etapas en el desarrollo de *Belostoma elegans* (chinche gigante de agua o cucaracha de agua). Insecto comestible apreciado en México.

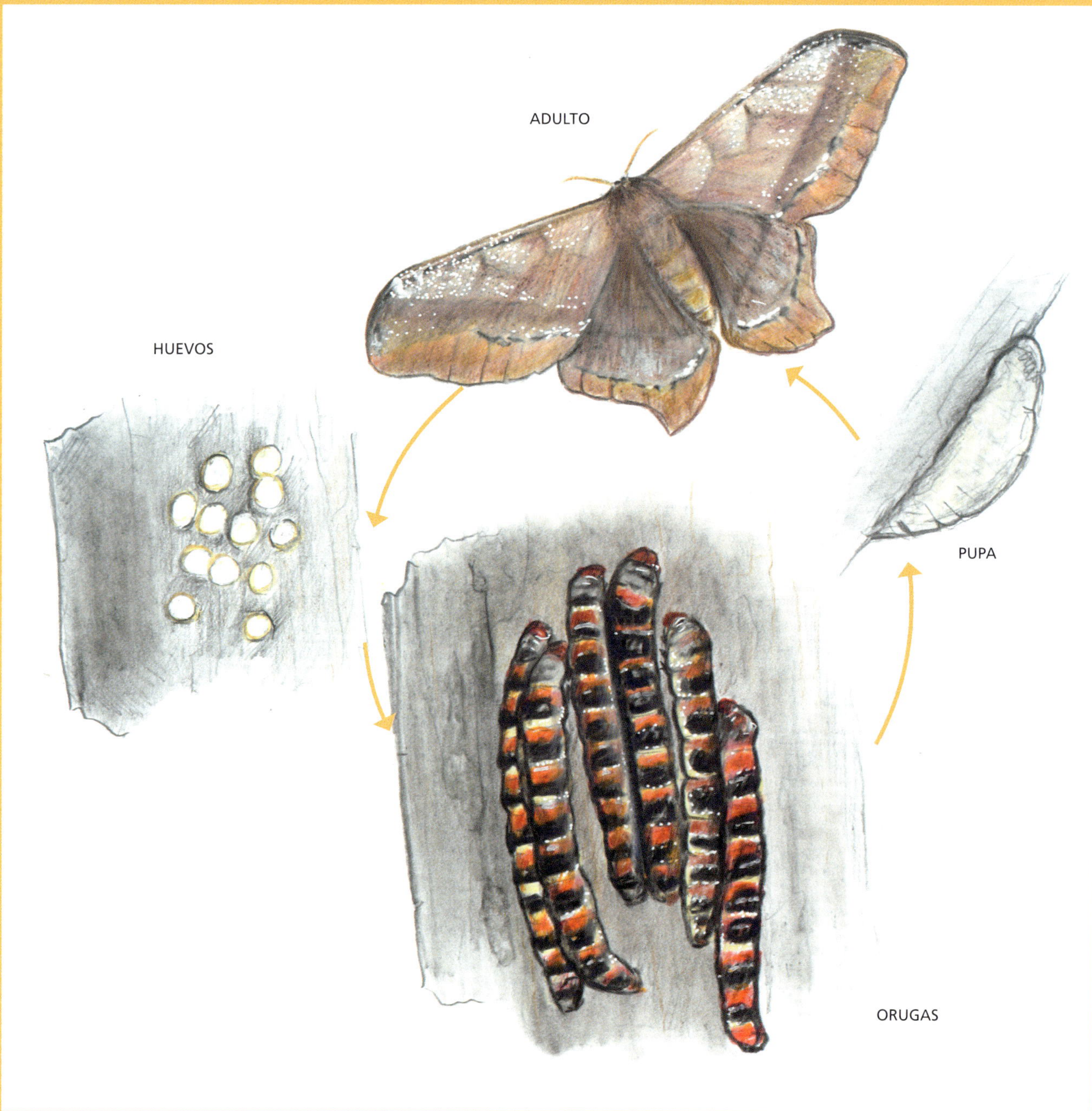

Figura 2.4. Etapas del desarrollo de *Arsenuda armida* (polilla de seda gigante, cuelta o gusano de jonote). Sus larvas se consumen en algunos estados de México.

eclosiona en una forma juvenil llamada ninfa. La ninfa se asemeja a un adulto en miniatura, ya que comparten muchas de sus características morfológicas básicas, pero carece de alas completamente desarrolladas y órganos reproductores funcionales. A medida que la ninfa crece, pasa por una serie de mudas, en las que se desprende de su exoesqueleto para permitir el crecimiento. Con cada muda sucesiva, la ninfa se asemeja cada vez más a la forma adulta, en la que desarrolla gradualmente alas y alcanza la madurez sexual en la última muda (figura 2.3).

Otros insectos pasan por un proceso más complejo llamado metamorfosis completa u holometabolismo. En este caso, el huevo eclosiona en una etapa larval, que es marcadamente diferente del adulto en su morfología, comportamiento y ecología. Las larvas suelen estar especializadas en la alimentación y el crecimiento, y pueden tener una apariencia vermiforme, como una oruga o un gusano. Después de una serie de mudas, la larva entra en una etapa de inactividad llamada pupa. Durante esta fase, el cuerpo del insecto experimenta una reorganización drástica, con la destrucción de la mayoría de los tejidos larvales y la formación de estructuras adultas, como alas, patas y órganos reproductores. Finalmente, el insecto emerge de la pupa como un adulto completamente formado o imago (figura 2.4).

Insectos comestibles más representativos

La diversidad de insectos consumidos por el ser humano es notable: abarca desde termitas, cigarras, libélulas y moscas hasta los más populares saltamontes o escarabajos. A continuación, se describen los órdenes de la clase Insecta de mayor relevancia en la alimentación humana, destacando sus principales características distintivas.

Coleoptera

Los escarabajos, pertenecientes al orden Coleoptera (del griego *koleos*, 'vaina', y *pteron*, 'ala'), representan el grupo de insectos más diverso del planeta, con cerca de medio millón de especies descritas. Han colonizado prácticamente la totalidad de hábitats, desde medios acuáticos a terrestres, tanto en la superficie como en medios hipogeos, con regímenes alimentarios muy variados. Entre ellos, se encuentran desde fitófagos, fungívoros o xilófagos hasta depredadores, detritívoros, coprófagos y necrófagos (figura 2.5). Algunas especies se han adaptado a la explotación de recursos asociados a la actividad humana, como harinas, granos y otros productos almacenados. Son insectos holometábolos, lo que significa que su ciclo de vida es complejo: este incluye fases de huevo, larva, pupa y adulto.

Una de las características más distintivas de los coleópteros, de la que proviene su nombre, son los élitros. Estos están constituidos por el par de alas anteriores esclerotizadas, que han perdido su función principal de vuelo y protegen el segundo par de alas, membranosas y funcionales, que se encuentran debajo.

Los escarabajos exhiben una notable diversidad tanto en tamaño como en coloración. Su longitud varía desde unos pocos milímetros hasta varios centímetros; entre ellos, se incluyen algunas de las especies de insectos más grandes del mundo, como el escarabajo hércules (*Dynastes hercules*), cuyos machos pueden alcanzar los 19 cm. En cuanto a la coloración, presentan una gama igualmente amplia, desde un negro uniforme hasta diseños multicolores muy elaborados, como se aprecia en el escarabajo arlequín (*Acrocinus longimanus*) y en los espectaculares escarabajos joya (Buprestidae).

Además de su diversidad morfológica y sus adaptaciones ecológicas, los coleópteros exhiben una asombrosa diversidad de

Figura 2.5. *Alphitobius diaperinus* (escarabajo de la cama o gusano del estiércol). Plaga de granjas avícolas. Sus larvas se consumen como alimento.

comportamientos, que abarcan desde peleas rituales por el acceso a las hembras o a recursos alimentarios hasta el cuidado parental complejo, como el que exhiben algunas especies de escarabajos coprófagos, en las que los padres cooperan para enterrar y preparar bolas de estiércol que sirven como fuente de alimento para sus larvas. La comunicación en Coleoptera puede implicar feromonas, como en algunas especies de la familia Meloidae, cuyos machos producen y liberan feromonas para atraer a las hembras que pueden detectarlas desde grandes distancias; señales visuales, como los patrones de parpadeo de los escarabajos luciérnaga (Lampyridae) para atraer a sus parejas o comunicación acústica, como los sonidos producidos por los escarabajos de la corteza (Scolytinae) para diversas funciones en el apareamiento y expansión del nido.

Lepidoptera

El orden Lepidoptera, que comprende las mariposas y las polillas, exhibe una serie de características distintivas entre las que destaca la presencia de diminutas escamas que cubren sus alas y cuerpo, que les proporciona no solo una amplia gama de colores y patrones, sino también aislamiento térmico y una mayor eficiencia en el vuelo. Estas escamas se superponen parcialmente, como si fueran tejas diminutas, y contienen pigmentos y estructuras microscópicas que producen una gran variedad de patrones de colores, algunos incluso iridiscentes y metálicos, que juegan un papel crucial en el cortejo, la selección sexual y la defensa contra los depredadores (figura 2.6).

Otra importante característica que poseen es la probóscide o espiritrompa, una estructura bucal única adaptada para succionar el néctar de las flores, que en estado de reposo se mantiene enrollada en espiral (figura 2.7). Las antenas, que pueden ser filiformes o plumosas, están cubiertas de quimiorreceptores que les permiten detectar feromonas en la comunicación sexual y localizar fuentes de alimento.

Su ciclo vital incluye una metamorfosis completa, con estados de huevo, larva (oruga), pupa y adulto, cada uno adaptado a funciones específicas y a diferentes nichos ecológicos.

Las larvas, con sus fuertes mandíbulas, están adaptadas para alimentarse de una variedad de plantas, desde hojas tiernas hasta madera dura, y algunas especies incluso son carnívoras. Los adultos, con su probóscide, se alimentan

Figura 2.6. *Gonimbrasia belina* (mariposa emperador). Sus orugas se consumen principalmente en zonas de África y Sudamérica.

principalmente de néctar, pero también pueden consumir polen, savia de árboles, frutos en descomposición e incluso fluidos corporales de animales. Algunas especies han desarrollado adaptaciones fisiológicas y de comportamiento para sobrevivir en ambientes extremos, como la capacidad de hibernar, entrar en diapausa o migrar recorriendo largas distancias para evitar condiciones desfavorables. La migración de la mariposa monarca (*Danaus plexippus*), que llega a recorrer varios miles de kilómetros, es uno de los fenómenos naturales más espectaculares del mundo.

Los lepidópteros desempeñan un papel crucial en los ecosistemas, principalmente como polinizadores, contribuyendo a la reproducción de numerosas plantas con flores y manteniendo la diversidad vegetal. Además, los lepidópteros sirven como fuente de alimento para una gran variedad de animales, incluyendo aves, murciélagos y otros insectos, formando parte importante de la red trófica. Sin embargo, algunas especies de larvas pueden causar daños económicos

Figura 2.7. Detalle de la espiritrompa en estado de reposo, enrollada en espiral. Esta estructura bucal especializada permite a los lepidópteros succionar el néctar de las flores.

significativos al alimentarse de cultivos agrícolas, lo que afecta a la producción de alimentos y a la economía. En el otro extremo, algunas especies son de gran valor económico para el ser humano, como la mariposa (*Bombyx mori*), cuyas larvas producen la seda, una fibra de gran importancia para la industria textil.

Hymenoptera

El orden Hymenoptera, incluye hormigas, abejas y avispas. Se caracteriza por la presencia de dos pares de alas membranosas, aunque en algunos casos, como en los mutílidos o en las hormigas obreras, las alas están reducidas o ausentes. Otra característica distintiva es un estrechamiento pronunciado entre el tórax y el abdomen, denominado pecíolo, así como un ovopositor que puede presentar grandes modificaciones. En numerosas especies, este ovopositor se adapta para inyectar veneno segregado por glándulas abdominales. El aparato bucal puede ser de tipo masticador o lamedor, lo que permite a muchas especies absorber líquidos.

Diversas especies han desarrollado complejos comportamientos sociales, como la eusocialidad que presentan hormigas, algunas abejas y avispas, con castas especializadas para la reproducción, el cuidado de las crías y la defensa. Esta organización social les

Figura 2.8. *Apis mellifera* (abeja doméstica o melífera). En muchas culturas se consumen sus larvas y pupas.

permite explotar eficientemente los recursos y construir estructuras complejas como panales y hormigueros. La capacidad de volar les proporciona una gran movilidad para buscar alimento y pareja, y el ovopositor modificado les permite depositar huevos en lugares seguros, ya sea en sustratos específicos o incluso dentro de otros organismos.

Los Hymenoptera desempeñan papeles ecológicos y económicos muy variados. Muchas especies son polinizadoras clave, pues visitan una gran variedad de flores para alimentarse de néctar y polen, y facilitan así la reproducción de numerosas plantas, incluyendo muchos cultivos agrícolas de importancia global, como frutales, hortalizas y oleaginosas (figura 2.8). Las hormigas, por su parte, son importantes depredadoras, dispersoras de semillas y modificadoras del suelo. Algunas avispas son parasitoides, en particular las familias Ichneumonidae y Braconidae, depositan sus huevos dentro o sobre el cuerpo de otros insectos a los que sus larvas devoran gradualmente tras la eclosión. De esta forma, contribuyen a controlar las poblaciones de estos insectos, por lo que son muy utilizados en el control biológico de plagas agrícolas y forestales. Algunas abejas, como las del género *Nomada*, son parásitas de otras: depositan sus huevos en los nidos de las hospedadoras para que sus larvas se alimenten de las provisiones de polen y néctar que estas habían recolectado para sus propias crías.

En cuanto a su importancia económica, la producción de miel y cera por parte de las abejas constituye uno de los ejemplos más conocidos popularmente dentro del mundo de los insectos. Estos productos tienen un alto valor económico y han sido utilizados por el ser humano desde la antigüedad para la alimentación, la medicina y la fabricación de diversos artículos.

Orthoptera

El orden Orthoptera incluye saltamontes, grillos, langostas y grillos topo. Su característica principal es la adaptación de las patas traseras para saltar, lo que les proporciona gran agilidad y capacidad para escapar de los depredadores. Muchas especies tienen dos pares de alas; el par delantero, llamado tegminas, es más coriáceo y estrecho, y protege al par trasero, que es membranoso y se pliega en forma de abanico para el vuelo. En algunas especies, las alas son braquípteras (cortas) o están ausentes. Sus piezas bucales son de tipo masticador, adaptadas para alimentarse de una gran variedad de plantas. Algunas especies han desarrollado camuflaje críptico, mimetizándose con el entorno, mientras que otras exhiben coloraciones brillantes que advierten de su toxicidad.

Otra característica notable de los ortópteros es su desarrollada

Figura 2.9. *Locusta migratoria* (langosta migratoria). Se trata del segundo insecto aprobado por la Unión Europea para el consumo humano.

comunicación acústica empleada fundamentalmente en el cortejo y el apareamiento, gracias a la emisión de sonido mediante estridulación, un mecanismo en el que frotan dos estructuras corporales entre sí y que produce sonidos tan característicos como el canto de los grillos.

Como otros insectos, desempeñan un papel ecológico crucial en numerosos ecosistemas. Sirven de alimento a una gran diversidad de animales, tanto aves como reptiles y mamíferos. Algunas especies son también importantes herbívoros y contribuyen al control del crecimiento de la vegetación. Aunque en muchas partes del mundo se consumen ortópteros, sobre todo grillos, su valor económico va más allá de la alimentación. Se crían comercialmente para diversos fines, incluyendo la alimentación de animales en acuicultura, herpetocultura y ganadería. No obstante, algunas especies de langostas pueden formar grandes enjambres y causar graves daños a los cultivos, lo que las convierte en plagas de importancia económica (figura 2.9).

Hemiptera

El orden Hemiptera es un grupo muy diverso que incluye a insectos como las chinches, los pulgones, las cigarras y las cochinillas. Su característica más distintiva son sus piezas bucales modificadas en forma de pico o estilete, conformando un aparato bucal chupador adaptado para perforar y succionar fluidos. Esto les permite alimentarse de una gran variedad de fuentes, desde la savia de las plantas hasta la sangre de otros animales. Otra característica común es que las alas delanteras suelen ser parcialmente endurecidas, denominadas hemiélitros, de donde proviene el nombre del orden (*hemi-*, 'mitad', y *-ptero* 'ala') (figura 2.10).

Muchas especies son fitófagas, con estiletes largos y delgados que les permiten alcanzar los tejidos vasculares de las plantas. Algunas de estas especies secretan saliva que ayuda a digerir el material vegetal, ya que contiene enzimas que descomponen las paredes celulares de los vegetales y facilita la extracción de nutrientes. Otras especies son depredadoras, tanto terrestres como acuáticas, y presentan estiletes más robustos, capaces de perforar el exoesqueleto de sus presas; a menudo, poseen patas delanteras modificadas para agarrar a sus víctimas. Estas adaptaciones les permiten cazar eficazmente otros insectos y pequeños invertebrados. Algunas especies acuáticas, además, han desarrollado adaptaciones para respirar bajo el agua, como tubos respiratorios a través de los cuales obtienen oxígeno sin necesidad de salir a la superficie, lo que reduce su exposición a los depredadores. Por otro lado, muchos hemípteros utilizan el camuflaje y algunas especies secretan sustancias químicas desagradables como mecanismo de defensa.

Algunos de ellos también son importantes vectores de enfermedades, ya que transmiten numerosos patógenos entre diferentes huéspedes. Esta transmisión puede tener efectos devastadores en las poblaciones de plantas, especialmente en entornos agrícolas, y también para la salud humana, como el caso de la vichuca, *Triatoma infestans*, vector del parásito *Trypanosoma cruzi*, un protozoo flagelado causante de la enfermedad de Chagas. Aunque menos grave, dado que no parece transmitir ninguna enfermedad, la chinche de las camas (*Cimex lectularius*) es un hemíptero hematófago de actividad nocturna que se esconde en grietas y hendiduras de colchones, muebles y paredes durante el día. Sus picaduras pueden causar irritación, picazón y reacciones alérgicas en algunas personas.

Desde una perspectiva económica, algunos hemípteros son plagas agrícolas importantes, ya que causan daños significativos a los cultivos y reducen los rendimientos. Sin embargo, otros son beneficiosos, como los depredadores que se utilizan en el control biológico de plagas. Además, algunas especies producen sustancias valiosas, como la laca y el carmín, que se utilizan en diversas industrias.

Figura 2.10. *Euschistus taxcoensis* (jumil, chumil del monte o xotlinilli). Hemíptero consumido en México.

Referencias

GULLAN, P. J. y CRANSTON, P. S. (2010): *The insects: an outline of entomology, John Wiley & Sons Ltd,* Chichester.

HUIS, A. van *et al.* (2013): *Edible insects: future prospects for food and feed security,* Food and Agriculture Organization, Roma.

NATION, J. L. (2022): *Insect Physiology and Biochemistry,* 4ª edición, CRC Press, Boca Raton.

RAMOS-ELORDUY, J. (2009): *Anthropo-entomophagy: cultures, evolution and sustainability, Springer Science & Business Media,* Dordrecht.

TRIPLEHORN, C. A. y JOHNSON, N. F. (2005): *Borror and DeLong's introduction to the study of insects,* BROOKS COLE, Belmont.

Sphenarium purpurascens,
chapulín de la milpa.

Ligia Esperanza Díaz Prieto, José Manuel Pino Moreno, María Monsalve, Esther Nova y Ascensión Marcos

3. Valor nutricional de los insectos comestibles

Entomofagia

El término entomofagia proviene del griego y combina las palabras *éntomon*, 'insecto' y *phagein*, 'comer' [1], refiriéndose así al consumo de insectos como alimento. Cuando este comportamiento se aplica al ser humano, se habla específicamente de antropoentomofagia (figura 3.1. A, B, C y D), ya que numerosas especies animales también incluyen insectos en su dieta de forma natural (figura 3.2).

La antropoentomofagia no se limita solo al acto de comer insectos enteros, como grillos, larvas de escarabajos o langostas migratorias, etc. Este término también incluye una amplia gama de productos derivados de ellos, que forman parte de nuestra alimentación cotidiana, como la miel, el propóleo o la jalea real (producidos por abejas); asimismo, hoy en día también encontramos harinas de insectos, barras enriquecidas con proteína de grillo, patés, croquetas o aperitivos elaborados con larvas deshidratadas o con harina de estos animales.

Aunque en algunas regiones del mundo esta práctica aún se percibe como extraña o incluso tabú, lo cierto es que para miles de personas en Asia, África y América Latina, consumir insectos es parte de su cultura y de su historia gastronómica. Más que una moda reciente, se trata de una costumbre con raíces auténticas, que combina tradición, nutrición y sostenibilidad llevada a la mesa.

Nutricionalmente, los insectos comestibles ofrecen un perfil notablemente heterogéneo, en gran parte debido a la enorme variedad de especies disponibles para el consumo humano.

Figura 3.1. A, B, C y D. Antropoentomofagia.
Fotografías: Ligia Esperanza Díaz Prieto.

Los insectos representan el grupo más diverso del reino animal, con una maravillosa diversidad de formas, colores, tamaños, funciones y hábitats, lo que los convierte en una pieza clave de la biodiversidad del planeta [2,3]. En el ámbito de la alimentación, esta variabilidad también se refleja en la lista de insectos comestibles documentada en la actualidad, habiendo sido identificadas más de 2.100 especies para el consumo humano en distintas culturas del mundo [4]. Esta enorme heterogeneidad no solo ofrece una fuente alternativa de nutrientes, sino también un abanico de posibilidades ecológicas y culturales que están siendo redescubiertas y valoradas en el contexto actual de sostenibilidad y seguridad alimentaria a nivel mundial.

Cada especie de insecto comestible presenta características nutricionales distintas, con un contenido variable de proteínas, grasas y otros nutrientes, algo en lo que influye su alimentación, su hábitat (terrestre o acuático) y su ciclo biológico (en particular para las especies con metamorfosis completa) en el que atraviesan distintos estadios de desarrollo —huevo, larva, pupa y adulto—. Por

ejemplo, algunas larvas son especialmente ricas en grasas, mientras que la fase adulta suele destacar por su alto contenido proteico. Comparativamente, los insectos con metamorfosis incompleta como los chapulines, grillos o cucarachas, de los que se puede consumir su fase de ninfa o adulto, tienen una composición más estable a lo largo de su desarrollo y suelen tener un alto contenido en proteínas (≈ 60-70% en base seca) y un menor contenido graso.

Por otra parte, el valor nutricional de los insectos comestibles depende del momento en que se recolectan y también de cómo se preparan antes de llegar al plato. Las técnicas culinarias empleadas —como el secado, el horneado, la fritura o el tostado— pueden modificar tanto la cantidad como la calidad de los nutrientes presentes. Por ejemplo, al secar los insectos se reduce su contenido de agua, lo cual concentra proteínas y minerales, a diferencia de la fritura, que incrementa el aporte calórico por la absorción de aceites y puede reducir el contenido de algunas vitaminas sensibles al calor.

La preparación culinaria final y la combinación con otros ingredientes, como cereales, verduras, legumbres o frutas, no solo enriquecen el sabor y la textura de los platos preparados con insectos, sino que también juegan un papel clave en la biodisponibilidad de los nutrientes. Así, la cocina, además de transformar la ingesta del insecto en una experiencia sensorial, también lo convierte en una fuente alimentaria más completa. En la actualidad, debido al aumento de la población mundial y a la presión sobre los recursos naturales, el consumo de insectos representa una

Figura 3.2. Entomofagia: insectos como parte de la cadena alimentaria.

solución prometedora a los retos que presenta la seguridad alimentaria y la sostenibilidad. Desde el punto de vista nutricional, los insectos pueden igualar e incluso superar el contenido proteico de muchas carnes convencionales, además de aportar minerales como hierro y zinc, vitaminas del grupo B y ácidos grasos esenciales. También se están estudiando sus posibles beneficios para mantener una buena salud, gracias a la presencia de compuestos bioactivos que podrían tener efectos antioxidantes, antimicrobianos e incluso, como se desprende de algunos estudios, posibles beneficios sobre algunas patologías como la diabetes tipo 2 o la hipertensión; sin embargo, aún falta mucha investigación que amplíe este conocimiento en las diversas especies de insectos reportadas.

Valor nutricional de los insectos comestibles

El interés actual en los insectos como estrategia de elección para paliar la actual crisis deriva fundamentalmente de que son una buena fuente de proteína cuya producción es fácilmente regulable gracias a que los insectos tienen ciclos de vida muy cortos en comparación con los del ganado, bajo coste para su alimentación, además de altas tasas de eficiencia de conversión —proporción entre la cantidad de kilos de alimento que se necesitan para producir un incremento de 1 kg de su masa corporal—. Otro factor importante relacionado con el uso alimentario es que de las carnes que consumimos, como el pollo, el cerdo o la carne de vacuno, solamente se aprovecha para alimentación humana en torno al 50% de la masa corporal, mientras que se puede utilizar hasta el 80% de la masa corporal de cualquier insecto comestible [5].

Es importante resaltar que muchas especies de insectos han sido utilizadas desde tiempos inmemoriales por diferentes culturas en muchos países del mundo como una fuente de alimento nutritivo. De hecho, los insectos proporcionan actualmente más del 50% de las proteínas de la dieta en algunos países de África Central, donde su valor comercial se considera más alto que el de las fuentes de proteínas de origen animal. Como se ha mencionado previamente, se calcula que existen alrededor de 2.100 especies de insectos reconocidas para el consumo humano. Entre las más populares destacan los escarabajos, que representan aproximadamente un 31% del total consumido, seguidos por las orugas con un 18%. También son comunes las hormigas, avispas y abejas (14%), así como los ortópteros —grupo que incluye langostas, grillos y saltamontes— con un 13%. Otros insectos consumidos en menor medida incluyen especies escamosas, chinches, cigarras y libélulas (10%), además de termitas y moscas, estos últimos cada uno con un 3% y 2% respectivamente.

A nivel europeo, la comercialización de insectos comestibles ya es una realidad. Destacan especialmente las larvas del gusano de la harina (*Tenebrio molitor*) y los grillos domésticos (*Acheta domesticus*), considerados entre las especies más prometedoras tanto para la alimentación humana como para la elaboración de piensos [2].

Los insectos comestibles pueden incorporarse a la dieta de diversas formas, bien consumidos directamente tras una preparación básica, como se describió anteriormente, y más común hasta la fecha, transformados en harinas, que se integran en una amplia variedad de productos procesados. Actualmente, la industria alimentaria está avanzando en la implementación de innovaciones con el objetivo de desarrollar ingredientes con alto valor añadido y propiedades beneficiosas para la salud.

Aunque el interés de los insectos como alimento se centra principalmente en su alta proporción de proteínas, son también una excelente fuente de grasas, fibra, minerales y en una diversidad de moléculas bioactivas, por lo que su consumo se espera que confiera numerosos beneficios para los consumidores [6].

Macronutrientes: proteínas, grasas e hidratos de carbono

El interés científico por los insectos como alimento comenzó a tomar forma en las décadas de 1970 y 1980, cuando se realizaron los primeros estudios sobre su valor nutricional. Una figura pionera en este campo es la doctora Julieta Ramos-Elorduy Blásquez, investigadora mexicana del Instituto de Biología de la Universidad Nacional Autónoma de México, quien dedicó gran parte de su carrera a estudiar las propiedades y características nutricionales de estos organismos. Sus investigaciones demostraron que muchos insectos son ricos en proteínas y cuentan con un perfil nutricional completo. Con el paso del tiempo, el estudio de los insectos comestibles ha cobrado cada vez más relevancia, especialmente ante los desafíos globales, como el crecimiento de la población, la necesidad de garantizar la seguridad alimentaria y la búsqueda de alternativas más sostenibles frente a la ganadería tradicional.

Dependiendo del tipo de insecto y su fase de desarrollo, existe una gran variabilidad en el contenido en proteína, pudiendo oscilar entre el 20% y 75% aproximadamente de proteína en peso seco reportados en algunos estudios. Además de su alto contenido proteico, muchos insectos comestibles destacan por ofrecer un perfil completo de aminoácidos esenciales —como leucina, isoleucina, valina, lisina, metionina, treonina, fenilalanina, triptófano e histidina—, lo que los convierte en una fuente de proteína de alta calidad. Su digestibilidad puede alcanzar hasta un 96% aproximadamente, lo que indica que el cuerpo humano puede aprovechar eficazmente la mayoría de sus componentes, situándolos al nivel de otras proteínas de alto valor biológico, convirtiéndolos en una alternativa nutricionalmente comparable a las fuentes animales tradicionales.

En el gráfico 3.1 se observa la proporción de proteína que poseen algunas especies que se consumen en el estado de Hidalgo en México. Entre ellas destacan los chapulines, que presentan un contenido entre 57 y 70 g por cada 100 g de peso seco, lo que los posiciona como una de las especies estudiadas más ricas en este nutriente [7]. Por su parte, los gusanos de los palos también muestran un contenido en proteínas relativamente alto, con valores que oscilan entre 21 y 71 g por cada 100 g. Esta riqueza nutricional de los insectos comestibles en este estado demuestra su potencial como fuente alternativa de proteína de alta calidad, comparable —e incluso superior— a la de muchas carnes convencionales [7]. Esta composición es especialmente relevante en países donde el acceso a proteínas animales es limitado, ya que permite cubrir necesidades nutricionales fundamentales de manera sostenible. Gracias a su alto contenido proteico y a su perfil de

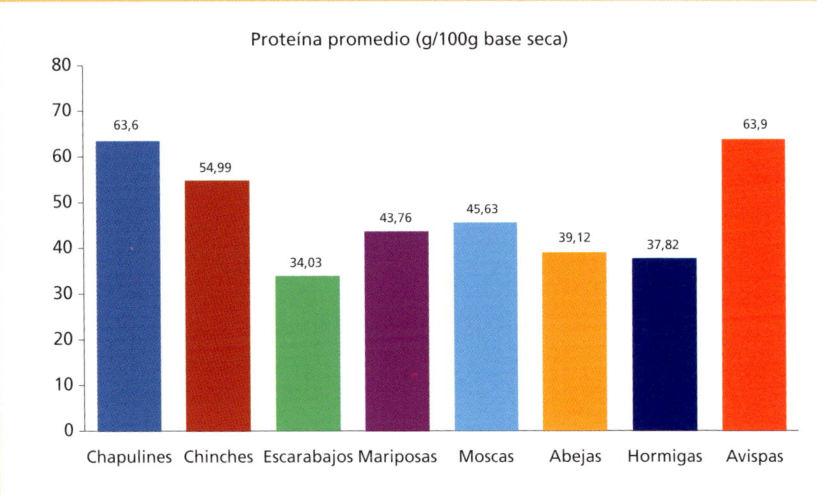

Gráfico 3.1. Porcentaje de proteína promedio de insectos comestibles del estado de Hidalgo, México.
Fuente: Adaptado de Ramos Elorduy *et al.* (2002).

aminoácidos completo, los insectos representan una opción nutritiva para diversificar nuestra alimentación.

Por otra parte, los insectos comestibles también destacan por su aporte significativo de grasas, que representan el segundo componente más abundante en muchas especies. Sin embargo, la cantidad y calidad de estas grasas pueden variar ampliamente según diversos factores, uno de los más determinantes es la etapa del ciclo de vida en la que se consumen: por ejemplo, las larvas suelen contener más grasa total que los adultos, debido a su función de almacenamiento energético.

En el gráfico 3.2 se muestra la concentración de grasa total por cada 100 g de peso seco de algunos insectos comestibles de México. Destacan la *Polistes* sp. (avispa papelera), con un contenido que supera los 60 g por 100 g, y en las concentraciones más bajas, el ahuahutle, que es una mezcla de huevecillos de los hemípteros acuáticos (*Krizousacorixa femorata*, *Krizousacorixa azteca*, *Corisella texcocana*, *Corisella mercenaria* y *Notonecta unifasciata*) con 5,51 g por cada 100 g [8].

Otro aspecto clave es la dieta que consume el insecto durante su desarrollo, aquellos alimentados con vegetales, granos o subproductos agrícolas suelen presentar una mayor diversidad de ácidos grasos, entre los que destacan el oleico, linoleico y linolénico, asociados a efectos beneficiosos sobre la salud cardiovascular. Este tipo de grasa, presente también en alimentos como el aguacate, el aceite de oliva y los frutos secos, contribuye a reducir los niveles de colesterol LDL (conocido en la población general como colesterol malo) y a mantener el sistema cardiovascular en buen estado. De hecho, más de la mitad de las grasas que contienen los insectos pertenecen a esta categoría saludable, siendo especialmente relevantes los de la serie omega-3, que tiene roles fundamentales durante el embarazo, la lactancia y el desarrollo infantil. En general, en los insectos podemos observar buenos aportes de ácido oleico (presente también en el aceite de oliva), ácido linolénico (un tipo de omega-3) y ácido palmitoleico.

Además, el lugar de origen del insecto también influye en su perfil nutricional, las condiciones ambientales, como la temperatura, la humedad y la disponibilidad de alimento, afectan el metabolismo y, por tanto, su composición nutricional. Por estas razones, dos ejemplares de la misma especie, criados en países diferentes o bajo sistemas de producción distintos, pueden presentar diferentes valores nutricionales. Estas variaciones hacen que el estudio de los insectos comestibles

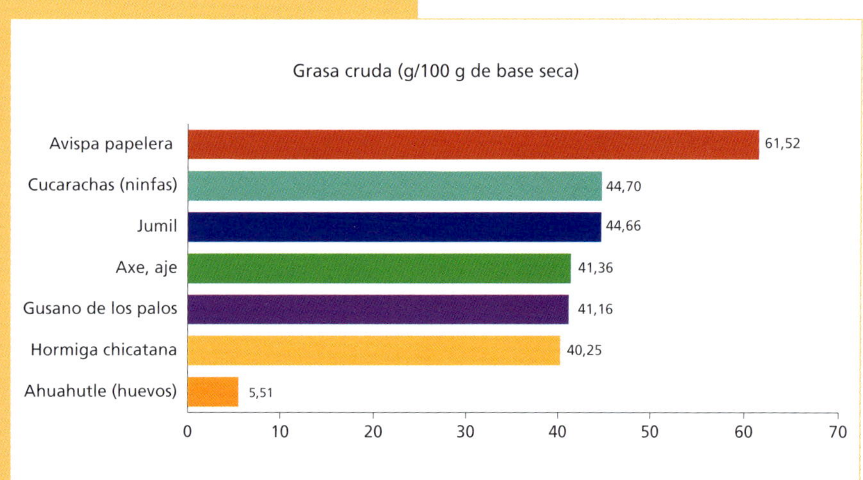

Gráfico 3.2. Contenido graso de algunos insectos comestibles.
Fuente: Adaptado de Pino Moreno y Ganguly (2016).

sea especialmente interesante desde el punto de vista nutricional —en especial la calidad de su dieta— y subrayan la importancia de conocer su procedencia y forma de cría al momento de integrarlos.

En cuanto a las grasas saturadas, los ácidos grasos saturados más comunes en los insectos son el ácido palmítico presente en fuentes como el aceite de coco y el ácido esteárico, que se encuentran en alimentos como la carne y los productos lácteos. Gracias a esta combinación, los insectos ofrecen un perfil de ácidos grasos interesante desde el punto de vista nutricional, con potencial para contribuir a una alimentación más variada y sostenible. En general, la composición de estos ácidos grasos en los insectos es similar entre especies emparentadas o recolectadas en el mismo lugar, lo que sugiere que está muy influenciada por las plantas o sustratos de las que algunos tipos de insectos puedan alimentarse.

Aunque los insectos no destacan por su contenido en carbohidratos, aportan quitina (una "fibra" natural del exoesqueleto), que representa alrededor de un 10% de su peso seco. Este compuesto, aunque poco digerible, ha despertado interés por sus posibles beneficios para la salud intestinal. La quitina actúa de forma similar a la fibra vegetal, como la celulosa, ya que resiste la digestión en el tracto gastrointestinal y puede favorecer el tránsito intestinal.

Durante mucho tiempo se pensó que la quitina era completamente indigerible, pero investigaciones recientes han demostrado que los seres humanos contamos con enzimas capaces de modificarla. Estas enzimas se activan más cuando se consume quitina y transforman parte de ella en quitosano, una forma más soluble y digerible. Tanto la quitina como el quitosano y otros derivados podrían actuar como prebióticos, es decir, sustancias que alimentan a las bacterias presentes en nuestro intestino.

Aunque todavía no se sabe con certeza cómo influye la quitina de los insectos en la microbiota intestinal humana, los estudios realizados con quitina de hongos ofrecen pistas interesantes. Se ha observado que la combinación de quitina con ciertos azúcares naturales ayuda a que crezcan bacterias buenas, como las bifidobacterias, y favorece la presencia de otras que producen sustancias beneficiosas para el intestino, como el butirato, conocido por sus efectos positivos en la salud intestinal.

Sin embargo, faltan estudios específicos en humanos. Dado que los datos actuales sugieren que la quitina tiene un buen potencial como prebiótico, se cree que podría ayudar a prevenir trastornos inflamatorios del intestino y mejorar el tránsito intestinal. Además, se ha observado que la quitina y sus derivados pueden reducir el crecimiento de bacterias perjudiciales como la *Salmonella typhimurium*, ciertas cepas de la *Escherichia coli* y la *Vibrio cholerae*, al mismo tiempo que favorecen el crecimiento de bacterias saludables como los géneros *Lactobacillus* y *Bifidobacterium* [9].

Micronutrientes: vitaminas y minerales

Las vitaminas son sustancias biológicamente activas, necesarias para el funcionamiento normal de nuestro organismo, ya que, salvo algunas excepciones, el cuerpo humano no puede producirlas por sí mismo. Por eso, es necesario obtenerlas a través de los alimentos. Estas pequeñas moléculas ayudan a que muchas funciones del cuerpo se realicen correctamente y son necesarias para nuestro crecimiento, vitalidad y bienestar.

Los insectos aportan cantidades significativas de vitaminas del grupo B, así como vitaminas A, D y E. Algunos insectos son ricos en vitamina B1 (tiamina), como el axayácatl (chinches que se reproducen en el agua), la hormiga chicatana (*Atta cephalotes*) y el chapulín (*Sphenarium* sp.). La vitamina B2 (rivoflavina) se encuentra en la hormiga chicatana, el ahuautle (huevecillos del axayácatl) y el axayácatl, y la vitamina B3 (niacina), en la avispa papelera (*Vespula squamosa*), el chapulín y el axayácatl. Cabe resaltar que los insectos tienen niveles de fósforo adecuados para cubrir los requerimientos nutricionales y cantidades significativas de otros minerales, como el manganeso (Mn), el cobre (Cu), el selenio (Se), el zinc (Zn), el hierro (Fe) y el calcio (Ca). De hecho, en algunos casos, contienen más cantidad de Ca, Zn y Fe que la carne de mamíferos y aves, por lo que se consideran una excelente fuente de estos micronutrientes.

Para conocer más detalles con respecto a los minerales, en un estudio realizado en el estado de Hidalgo, México, se analizó el contenido de estos micronutrientes esenciales en 28 especies de insectos comestibles, revelando perfiles nutricionales muy interesantes [7]. Algunas especies destacaron por su alto aporte de potasio, como el axayácatl (chinches acuáticas conformadas por adultos de *Krizousacorixa azteca*, *K. femorata* y *Corisella texcocana*) con un contenido que ronda los (3.325 mg por cada 100 g) y la larva de la mariposa del madroño (*Eucheira socialis*), con una proporción de (2.920 mg por cada 100 g). Algunas especies mostraron contenidos más bajos, como es el caso de la *Arsenura armida* (677 mg por cada 100 g), la *Polybia parvulina* (555 mg por cada 100 g) y la *Sphenarium histrio* (299 mg por cada 100 g). Las concentraciones son comparables con niveles de potasio de algunas frutas y verduras reconocidas por su valor nutricional, como el coco, la grosella negra, el plátano, la batata o la espinaca cruda.

En cuanto al calcio, fundamental para huesos, tejido conjuntivo y músculos, el mayor contenido se encontró en el ahuahutle (442 mg por cada 100 g), seguido por especies como la avispa *Polybia occidentalis bohemani* (225 mg por cada 100 g), la avispa *Brachygastra azteca* (122 mg por cada 100 g) y el saltamontes *Sphenarium purpurascens* (113 mg por cada 100 g). Estos contenidos en calcio resultan comparables a alimentos ricos en este mineral como algunos tipos de quesos, yogur o frutos secos como las almendras y avellanas.

En el caso del hierro, nuevamente el ahuahutle presenta una de las concentraciones más altas (131 mg por cada 100 g) y concentraciones más bajas en *Eucheira socialis* (53 mg por cada 100 g); por debajo de 50 mg por cada 100 g están las avispas *Brachygastra azteca* y *Polybia parvulina*, así como los saltamontes *Sphenarium* sp., entre otros. Muchas de las concentraciones de hierro en los insectos superan a alimentos ricos en este mineral como el hígado o los patés.

El magnesio es un mineral esencial que desempeña funciones clave en el organismo, como facilitar la absorción del calcio y la vitamina C, y participa en la transmisión de los impulsos nerviosos. Diversas especies de insectos comestibles presentan niveles significativos de este nutriente. En el rango más alto de concentración (entre 1.200 y 1.600 mg por cada 100 g) se encuentran especies como la *Arsenura armida*, *Mischocyttarus basimacula* y *Eucheira socialis*. En un nivel intermedio (800-970 mg por cada 100 g) destacan el *Axayácatl*, *Euschistus strenuus* y *Sphenarium sp*. Finalmente, en el rango más bajo (390-460 mg por cada 100 g), se ubican la *Brachygastra mellifica*, *Polistes major* y *Atta mexicana*. Estos valores son especialmente relevantes si se comparan con alimentos comúnmente reconocidos por su alto contenido de magnesio, como las almendras, los cacahuetes o los caracoles. Los insectos, por tanto, no solo representan una fuente alternativa de proteína, sino también una opción rica en minerales esenciales.

Por último, en cuanto al zinc, un mineral fundamental para el buen funcionamiento del sistema inmunológico, las ninfas del insecto *Thasus gigas* destacan por su alto contenido, alcanzando los 109 mg por cada 100 g. En su etapa adulta, esta especie presenta una concentración menor, de aproximadamente 25 mg por cada 100 g. Otros insectos más conocidos, como la hormiga escamolera (*Liometopum apiculatum*) y el chapulín de la milpa (*Sphenarium purpurascens*), también ofrecen cantidades notables de zinc, con 31 y 29 mg por cada 100 g, respectivamente. Estos valores superan incluso a los de alimentos tradicionalmente reconocidos por su riqueza en este mineral, como el germen de trigo.

Estos resultados refuerzan el potencial de los insectos comestibles como fuentes naturales de micronutrientes esenciales, especialmente en regiones donde el acceso a alimentos de origen animal es limitado.

Beneficios funcionales de compuestos bioactivos

Además de su valor nutricional, los insectos comestibles destacan por sus propiedades funcionales, que podrían aportar beneficios adicionales para la salud. Algunos trabajos de investigación

Figura 3.3. Insectos, nuevos alimentos en la Unión Europea
Fotografía: Ligia Esperanza Díaz Prieto.

realizados en los últimos cinco años han identificado moléculas con efectos antioxidantes y antiinflamatorios en algunas especies, lo que abre nuevas posibilidades en el campo de la nutrición preventiva [10,11].

Un ejemplo interesante proviene de investigaciones realizadas en laboratorio con el grillo *Gryllus bimaculatus* y la larva del escarabajo de la harina *Tenebrio molitor*, en estos estudios, se observó que los extractos de estos insectos eran capaces de reducir la inflamación en células humanas cultivadas, previamente expuestas a compuestos que simulan una infección bacteriana o una dieta alta en grasas. Los resultados mostraron una disminución en la producción de ciertas moléculas proinflamatorias, conocidas como mensajeros químicos del sistema inmunológico, que suelen ser elevadas en enfermedades como la obesidad o la diabetes tipo 2. Estos hallazgos refuerzan el interés por seguir explorando el potencial de los insectos en la prevención de trastornos relacionados con la inflamación crónica.

Los insectos contienen compuestos bioactivos, sustancias únicas o más abundantes en ellos, que pueden tener efectos positivos, como reducir la inflamación, combatir microorganismos o actuar como antioxidantes. Aunque aún queda mucho por investigar, los primeros resultados son prometedores [10,11]. En diversos países, se están logrando avances importantes tanto a nivel tecnológico como legislativo para el desarrollo y aceptación de los insectos comestibles en el ámbito alimentario.

Al llegar al final de este recorrido por el valor nutricional de los insectos, lo más sorprendente no es solo su alto contenido proteico, su bajo impacto ambiental o su versatilidad en la cocina. Además, en un contexto global marcado por desafíos urgentes en sostenibilidad y seguridad alimentaria, los insectos se perfilan como una alternativa prometedora. Su producción requiere menos recursos, como el agua, el espacio y el alimento en comparación con la ganadería convencional y, al mismo tiempo, ofrecen una fuente abundante de nutrientes esenciales. Sin embargo, aunque el potencial es enorme, aún queda mucho por investigar. Las consultas técnicas más recientes con expertos señalan desafíos importantes: desde el desarrollo de tecnologías para la producción a gran escala a un bajo costo hasta la evaluación de riesgos asociados a posibles zoonosis, patógenos, toxinas o metales pesados y alergias. También se requieren avances en métodos de conservación, marcos legislativos claros y estrategias educativas para su aceptación por parte de los consumidores.

Para avanzar en este camino, es fundamental que el conocimiento científico, los conocimientos ancestrales y la innovación tecnológica se integren de forma complementaria. Solo así los insectos podrán consolidarse no solo como una alternativa alimentaria viable, sino también como una opción segura, sostenible y con un profundo valor cultural para el futuro de la alimentación (figura 3.3).

Referencias

[1] *Diccionario de la lengua española*, https://dle.rae.es/.

[2] Huis, A. van *et al.* (2013): "Edible insects: future prospects for food and feed security", *FAO Forestry Paper*, 171.

[3] Huis, A. van (2013): "Potential of insects as food and feed in assuring food security", *Annual Review of Entomology*, 58, pp. 563-583.

[4] Jongema, Y. (2012): "List of Edible Insects of the World", Wageningen University, Wageningen, https://n9.cl/3k9slm.

[5] Imathiu, S. (2020): "Benefits and food safety concerns associated with consumption of edible insects", *NFS Journal*, 18, pp. 1-11.

[6] Rumpold, B. A. y Schlüter, O. K. (2013): "Nutritional composition and safety aspects of edible insects", *Molecular Nutrition & Food Research*, 57, pp. 802-23.

[7] Ramos-Elorduy, J.; Pino Moreno, J. M. y Morales de León, J. (2002): "Análisis químico proximal, vitaminas y nutrimentos inorgánicos de insectos consumidos en el estado de Hidalgo, México", *Folia Entomológica Mexicana*, 41, pp. 15-29.

[8] Pino Moreno, J. M. y Ganguly, A. (2016): "Determination of fatty acid content in some edible insects of Mexico (2016)", *Journal of Insects as Food and Feed*, 2, pp. 1-6.

[9] Wijesekara, T. y Xu, B. (2024): "New Insights into Sources, Bioavailability, Health-Promoting Effects, and Applications of Chitin and Chitosan", *Journal of Agricultural and Food Chemistry*, 72, pp. 17138-17152.

[10] D'Antonio, V. *et al.* (2023): "Functional properties of edible insects: a systematic review", *Nutrition Research Reviews*, 36, pp. 98-119.

[11] Navarro del Hierro, J. *et al.* (2022): "Effects of a Mealworm (*Tenebrio molitor*) Extract on Metabolic Syndrome-Related Pathologies: In Vitro Insulin Sensitivity, Inflammatory Response, Hypolipidemic Activity and Oxidative Stress", *Insects*, 13, p. 896.

Chinche de agua, Corixia.

Valeria Fernández Arhex, María Eugenia Cozzarin, Priscilla Vásquez Mazo, Gabriela Gallardo, Gustavo Polenta y Adriana Pazos

4. Cría y cosecha de grillos (*Gryllus assimilis*) para una alimentación sostenible

Introducción

En 2013, la Organización de las Naciones Unidas para la Alimentación y Agricultura (FAO) publicó un informe que destacaba el potencial de los insectos comestibles para la seguridad alimentaria y la protección del ambiente. Desde entonces, la investigación sobre el manejo de cría de insectos ha aumentado exponencialmente. La producción de insectos se basa en su baja necesidad de agua, escasa o nula emisión de gases de efecto invernadero, alta tasa de conversión de alimento en masa corporal y capacidad para procesar diversos sustratos. Además, los insectos contienen un alto porcentaje de proteína, aminoácidos esenciales, vitaminas y micronutrientes, y sus excretas pueden usarse como abono directo (figura 4.1) [1].

A nivel mundial, los insectos enteros o sus extractos proteicos se utilizan principalmente para la alimentación animal. En Argentina, existen más de 40 instalaciones de cría piloto y al menos cuatro empresas proveedoras de insectos para diversos fines (AgIdea, BioCerta, Brometán SRL y Grillos Capos). Aunque no hay una legislación nacional específica, el Servicio Nacional de Sanidad y Calidad Agroalimentaria (SENASA) ha creado una categoría en el Registro Nacional Sanitario de Productores Agropecuarios (RENSPA) para la "producción de insectos para consumo animal". Anteriormente, se habilitaban como bioterios de cría de animales

POLVO DE GRILLO

Figura 4.1. Esquema en el que se aprecia el aprovechamiento del polvo de grillos para alimentación animal y los excrementos como abono. Los restos de las cosechas, a su vez, sirven para alimentación para los insectos.

de experimentación, lo cual es impracticable para producciones masivas.

Se han realizado perfiles de riesgo a nivel mundial, incluyendo estudios de la Autoridad Europea de Seguridad Alimentaria (EFSA) sobre grillos (*Acheta domesticus*, *Gryllodes sigillatus*), langosta (*Locusta migratoria*) y larvas de gusano de la harina (*Tenebrio molitor*). Este capítulo se enfoca en el *Gryllus assimilis* (figura 4.2), esperando que los protocolos sean similares a los de otras especies de grillos comestibles. Las langostas y los insectos holometábolos como *T. molitor* y *Zophobas morio* tienen procesos de producción particulares. La mosca soldado negra (*Hermetia illucens*) es el insecto más criado a nivel de biomasa (figura 4.3) [2].

Existen cuatro tipos principales de productos y producciones entomológicas según su destino [3]: alimento vivo, insecto entero seco para alimentación animal, insecto congelado para gastronomía y harina de insecto para la industria alimentaria humana o animal.

Producción primaria de grillos

La producción primaria de insectos busca generar productos seguros para el consumo humano y animal [4]. La figura 4.4 ilustra el flujo general de los procesos en la producción primaria e industrial de grillos para consumo.

En cuanto a los requisitos ambientales y de salud animal, los insectos destinados al consumo deben cumplir con la normativa de sanidad animal establecida por el SENASA. Esto abarca las normas de salud animal y las medidas de bioseguridad contra enfermedades animales transmisibles. Además, las especies de insectos criados y sus productos no deben ser patógenos, vectores de patógenos ni causar efectos adversos en la salud de personas, animales, plantas o al ambiente.

En relación con la estructura organizativa de la empresa y sus empleados, la dirección de una empresa productora de insectos define los objetivos de Buenas Prácticas de Higiene (BPH) para todo el personal (cría, procesamiento, almacenamiento y transporte), así como para visitantes y subcontratistas. Esto asegura la inocuidad en la producción, almacenamiento y distribución de los insectos y sus derivados.

Etapas de la producción primaria

A diferencia de la ganadería tradicional, la producción primaria de insectos abarca todas las etapas del proceso en un

Figura 4.2. Hembra (izquierda) y macho (derecha) de *Gryllus assimilis*.

Figura 4.3. Adulto y larvas de *Hermetia illucens* (moscas soldado negra).

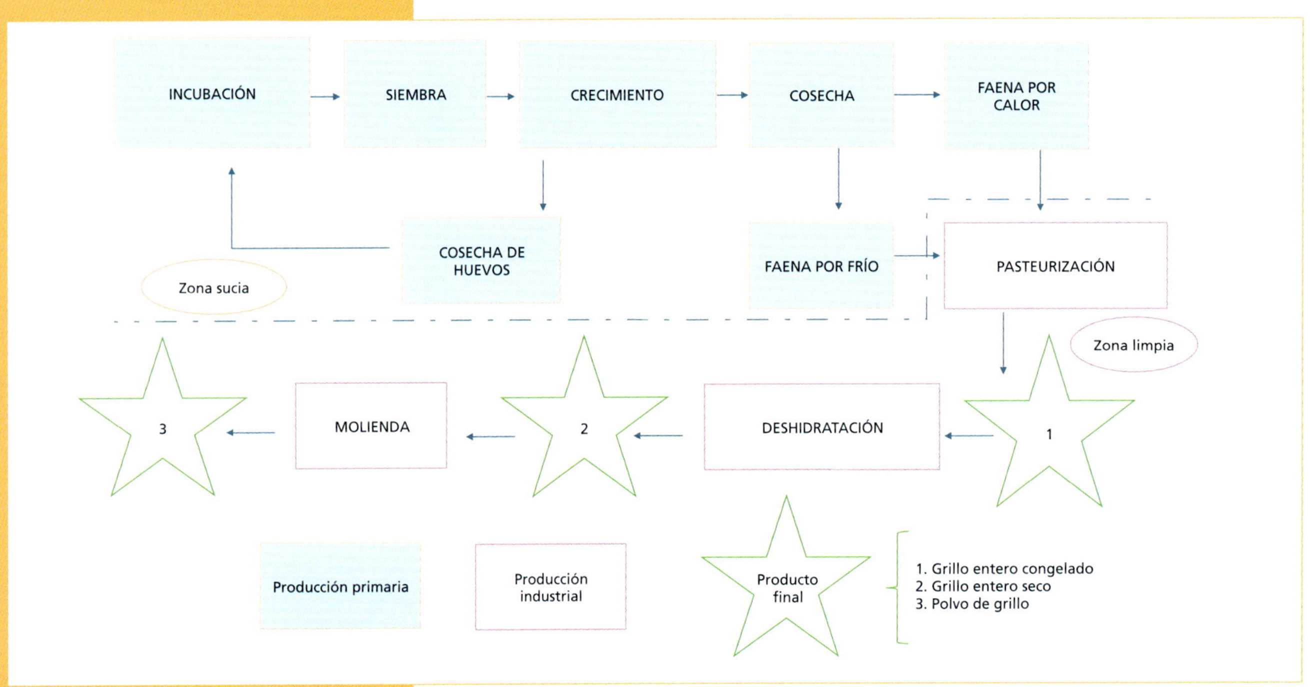

Figura 4.4. Diagrama de flujo general correspondiente a los procesos involucrados en la producción primaria e industrial de grillos para consumo humano.
Fuente: Gabriela Gallardo.

mismo establecimiento. Sin embargo, la cría destinada para consumo humano y animal puede llevarse a cabo en instalaciones separadas (figura 4.5).

Reproducción

El ciclo de vida del grillo (*Gryllus assimilis)* consta de tres estadios: huevo (10-14 días), ninfa o juvenil (45 días) y adulto (hasta 4 meses) (figura 4.6). Para la cría se recomienda una colonia inicial trazable por al menos tres generaciones. En el laboratorio de bioensayos, para la cría se mantiene una humedad de alrededor del 40%, una temperatura de entre 22 y 28 °C, 12/12 horas de luz/oscuridad y buena ventilación. Cada estadío debe desarrollarse en un contenedor diferente. Se debe asegurar siempre el acceso al alimento y al agua *ad libitum*.

Las hembras ovipositan en sustratos húmedos, como turba o vermiculita, colocados en bandejas dentro de contenedores destinados para la oviposición. A estos contenedores se les añaden las camas de oviposición, que consisten en recipientes plásticos de al menos 2 cm de profundidad, llenos con

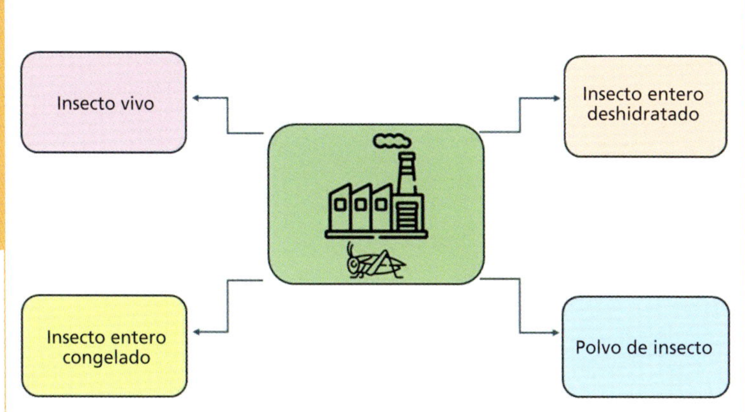

Figura 4.5. Diferentes versiones de la utilización de productos obtenidos de la cría de insectos.
Fuente: María Eugenia Cozzarín.

Figura 4.6. Ciclo de vida del grillo de campo jamaiquino (*Gryllus assimilis*).
Fuente: María Eugenia Cozzarín.

tierra común húmeda, cubierta con una malla plástica. La malla permite a las hembras insertar su ovopositor y depositar los huevos a 1 cm de profundidad, pero evita que los machos los consuman. Las camas de oviposición se reemplazan cada tres o siete días y se trasladan a recipientes plásticos más pequeños con tapa, manteniendo la tierra húmeda hasta la eclosión (figura 4.7). Una vez que nacen los grillos, se comienza la alimentación y se suministra agua rociando el contenedor con un pulverizador. El fondo del contenedor debe ser liso para facilitar el acceso al alimento. La eclosión puede acelerarse aumentando la temperatura. Cuando las ninfas alcanzan aproximadamente 1 cm de longitud, se trasladan al contenedor de cría de ninfas con las mismas características que el de los adultos. Dado que los adultos pueden depredar a las ninfas, es preferible mantenerlos separados por tamaño para favorecer su desarrollo. Los grillos recién nacidos se trasladan a contenedores ambientados para su crecimiento por cohortes de la misma edad, identificados con fecha y tamaño del inóculo para un seguimiento detallado (inóculo, temperatura, dieta, estadío, tamaño de cosecha).

Figura 4.7. Camas de ovoposición. Las cintas adhesivas de papel (blanco) se colocan en los bordes para que las hembras puedan subir a oviponer.
Fotografías: María Eugenia Cozzarín.

Figura 4.8. (A) Cartones de huevos dentro de los contenedores de cría como refugio para los grillos y colocación de alimento y agua y (B) alimento para los grillos (verduras y harina para pollos).
Fotografías: María Eugenia Cozzarin.

Sustratos de alimentación

La elección del sustrato es crucial para la reproducción y el crecimiento. Los grillos son insectos polífagos, con una dieta variada que puede incluir materiales vegetales o animales. Los alimentos pueden colocarse directamente en el piso del contenedor o en bandejas plásticas, con alimentación *ad libitum* para garantizar un crecimiento óptimo.

La dieta puede combinar frutas o vegetales frescos (cítricos, zanahorias, papas, pepino, calabaza, hojas verdes, repollo en rodajas) y harinas secas (trigo integral, maíz, avena, soja, garbanzo, cebada). Lo que se recomienda es mezclar tres tipos de harinas para una dieta más nutritiva. Una alternativa puede ser zanahoria y papa en rodajas junto con alimento comercial para aves o para grillos (si los hubiera). Es importante evitar dejar alimento en los contenedores durante demasiado tiempo, ya que los grillos prefieren los alimentos frescos. Las ninfas deben tener acceso fácil y directo al alimento para asegurar su correcto desarrollo (figura 4.8).

Como sustratos se utilizan derivados de cereales, piensos industriales, levaduras, frutas y hortalizas, y ocasionalmente forrajes o residuos, aunque estos últimos son menos aconsejables [5,6].

Se requiere buena calidad de piensos y embalajes para evitar contaminantes [7]. La Unión Europea y la Plataforma Internacional de Insectos para Alimentación Humana y Animal publicaron en 2019 normas de higiene y seguridad que se establecen para la alimentación de insectos para consumo humano, similares a las de animales. Bélgica aplica la misma legislación que para otros animales de producción [8]. En dichas normas se prohíben como alimento el estiércol, los excrementos humanos, las aguas tratadas, los residuos sólidos, los subproductos animales de mataderos y los residuos de alimentos en mal estado.

Condiciones de almacenamiento y elaboración de dietas

La preparación de dietas se realiza en un área "limpia" contigua al almacenamiento de sustratos. El área de cría es "sucia". Los piensos industriales deben almacenarse en condiciones higiénicas y secas, protegidos de contaminaciones y plagas. Si se usan

Figura 4.9. Ejemplos de bebederos de agua.
Fotografía: María Eugenia Cozzarín.

Figura 4.10. Contenedores para la cría de grillos.
Fotografías: María Eugenia Cozzarín.

residuos, hay un área de recepción "sucia B" con normas de higiene y control de plagas, donde se recomienda un tratamiento térmico antes de la formulación de dietas. Según el decreto publicado en Argentina, los proveedores deben cumplir con el decreto del SENASA. Cada lote de alimento debe ser trazable. Los utensilios deben ser aptos para contacto con alimentos e higienizarse. Si la distribución no es automática, se requiere un protocolo estandarizado y elementos de transporte apropiados.

Suministro de agua

Para asegurar una adecuada hidratación, se colocan algodones embebidos en agua en cajas de Petri o recipientes de plástico, con la cantidad suficiente para que los grillos beban sin ahogarse, controlando que siempre estén húmedos. Como alternativa para grillos adultos, pueden usarse bebederos para gallinas con piedras o recipientes con agua embebidos en algodón o sogas húmedas (figura 4.9).

Contenedores de cría de adultos

Para el mantenimiento y reproducción de los grillos, se utilizan contenedores plásticos transparentes de 60 cm de largo × 40 cm de ancho × 40 cm de alto, con una abertura central en la tapa cubierta con tela de tul o malla plástica para ventilación. También pueden ser de vidrio o concreto (figura 4.10). Para evitar escapes, se coloca cinta adhesiva transparente en el borde superior interior. Dentro se colocan maples de huevos de cartón nuevos y rollos de cartón de papel higiénico u otros similares (limpios) para que los grillos trepen y se refugien, además de ayudar a mantener la humedad y temperatura.

Engorde del cultivo entomológico

Conocer la biología de la especie es crucial. Las condiciones de cría pueden influir en el desarrollo de microorganismos y toxinas. Las necesidades varían entre especies, por lo que cada productor debe optimizar las condiciones. Estos son los parámetros clave:

- **Temperatura:** 25-35 °C es la temperatura óptima para la mayoría de las especies.
- **Humedad**: debe correlacionarse con la temperatura según la especie y etapa. En el laboratorio de bioensayos se mantiene una humedad relativa (HR) de alrededor del 40%.
- **Salas de producción**: espacios cerrados para evitar plagas y escapes, con diferentes espacios autónomos

higienizados después de cada cohorte. Se recomiendan al menos dos puertas herméticas entre habitaciones y flujo unidireccional.

- **Contenedores de cría**: cajas o jaulas donde se controla el ambiente [9]. Se recomienda el sellado con aluminio y el uso de maples de huevos no reciclados (o reciclados con desinfección). Los contenedores pueden apilarse dejando espacio para la limpieza. Comederos y bebederos deben estar elaborados con materiales certificados. Los pisos deben ser lisos, con zócalos sanitarios y canaletas de desagüe con tapas herméticas. Los muebles pesados deben tener ruedas con freno. Se recomiendan las puertas con burlete.
- **Ventilación**: adecuada según la especie y condiciones ambientales para la limpieza y evitar la contaminación cruzada. En el laboratorio de bioensayos se asegura una buena ventilación. El canto de los grillos es un indicador de bienestar; si no se escucha, se recomienda modificar la temperatura o la humedad.
- **Programa de manejo integrado de plagas**: monitoreo periódico y controles por empresas certificadas.

Cosecha

Para garantizar la continuidad del sistema, una proporción de los grillos producidos se destina a la reproducción, mientras que el resto se cosecha en estadio adulto. Para la cosecha de grillos, se sacuden los maples dentro del contenedor y se separan de los restos de alimento, exoesqueletos, animales muertos y desechos. Posteriormente, se colocan los grillos cosechados en bolsas plásticas y se almacenan a –20 °C hasta su posterior uso. La cosecha consiste en separar los insectos de sus sustratos, retirándolos de los contenedores o cámaras de cría y limpiando cualquier sustrato de alimentación o excremento adherido. La recolección se realiza durante los últimos estadios ninfales y en la etapa adulta, cuantificándose en kg/m^3. Una población inicial de 60.000 insectos/m^3 puede generar hasta 12 kg/m^3 en condiciones óptimas. No se recomienda cosechar en la misma habitación de cría. Idealmente, cada habitación de cría tiene su habitación de cosecha. Durante la cosecha se separan los excrementos secos para abono, los soportes para desinfección y reutilización, y los restos de alimentos y soportes desechados o compostados.

Sacrificio

Existen diversas técnicas para el sacrificio de los insectos; entre las más empleadas, se encuentran las que aplican frío o calor. Según la Resolución de la Agencia Nacional de Seguridad Sanitaria de la Alimentación, el Medio Ambiente y del Trabajo, se pueden describir de la siguiente manera:

- **Por frío**: implica el uso de temperaturas de congelación inferiores a –18 °C. Este método minimiza la desnaturalización de proteínas y preserva mejor las vitaminas. Sin embargo, no reduce significativamente la carga microbiana ni garantiza una desparasitación completa (especialmente de nemátodos). Los insectos congelados se almacenan en bolsas selladas para su posterior procesamiento.
- **Por calor**: consiste en un escaldado a 60-100 °C durante tres a cinco minutos, utilizando agua caliente o vapor. Este proceso reduce sustancialmente la carga microbiana y elimina la flora intestinal y parásitos, aunque no las esporas bacterianas. Puede degradar algunos nutrientes y características sensoriales, por lo que es menos común para el consumo directo. El sacrificio por calor previene la fermentación, extendiendo la vida útil del producto [10]. En algunos casos, se realiza a 60 °C, conservando mejor las propiedades organolépticas, aunque con menor reducción microbiana. Este tratamiento puede ocurrir en restaurantes durante la cocción o en la industria alimentaria durante el procesamiento, con una

pasteurización posterior en otro establecimiento o en áreas limpias dentro de este. Finalmente, los insectos se refrigeran a –18 °C para su almacenamiento y transporte.

Almacenamiento, embalaje, etiquetado y transporte en plantas de producción primaria

Los productores de insectos deben seguir las regulaciones de almacenamiento y transporte de alimentos para consumo humano como la regulación de 2005 de la UE.

Es ideal contar con espacios exclusivos para el almacenamiento de insectos. Los grillos congelados o deshidratados deben almacenarse en habitaciones separadas. Los insectos congelados requieren cámaras de frío o *freezers* a –18 °C y HR < 40%, con ventilación y luz artificial. Para insectos deshidratados o molidos, el almacenamiento puede ser a temperatura ambiente (10 a 20 °C).

Las cámaras con estantes deben estar separadas de la pared, con el estante inferior a 35 cm del suelo, pisos lisos y zócalos sanitarios. Se debe llevar un registro de limpieza y desinfección, y el acceso debe ser restringido y controlado.

En establecimientos con procesamiento posterior, la entrada y salida de material del depósito debe realizarse por puertas independientes, con personal y organización separados para evitar la contaminación cruzada del producto final.

Rotulado

Los productos de producción primaria deben tener un rotulado adecuado si no hay un proceso continuo en el mismo establecimiento. Para la industria alimentaria, el rótulo debe incluir marca, origen, código de producto, contenido, fecha de embalaje y lote, fecha de vencimiento y condiciones de almacenamiento. Para consumo humano directo (por ejemplo, el grillo congelado), debe incluir composición nutritiva, calorías, peso, porciones y advertencia de alérgenos.

Existe información sobre los beneficios nutricionales y ambientales de los insectos [4], pero se debe aclarar cuáles están científicamente probados para su promoción. Falta información sobre la alergenicidad cruzada con alérgenos de declaración obligatoria, lo que podría llevar a regulaciones de rotulado precautorio. Si se demuestra que son "libres de gluten", esta información puede añadirse al rótulo. La guía para suministro de información al consumidor de los productos basados en insectos y el capítulo V del CAA (Código Alimentario Argentino) contienen más detalles sobre el etiquetado para consumo humano. Se debe generar documentación adicional según los controles y registros estatales del SENASA y la Agencia Nacional de Medicamentos, Alimentos y Tecnología Médica (ANMAT).

Transporte y logística

Es deseable un espacio de carga cerrado junto a los depósitos, con programas de limpieza y desinfección registrados para el área y los vehículos. Las temperaturas de transporte pueden ser de congelación (–18 °C), refrigeración (0-7 °C) o ambiente (15-25 °C, requiriendo acondicionamiento de aire).

Manejo de los descartes, abono

Desde los años ochenta, la industria de cría de insectos para mascotas utiliza los desperdicios como abono. La empresa Ghann's Cricket Farm, Inc. produce CricketPoo!, un fertilizante con un 98% de estiércol de grillo y un 2% de pieles y restos de comida. Otros residuos, como los maples de huevos descartados (después de ser higienizados y reutilizados), pueden picarse y añadirse al compost.

Conclusión

La cría y cosecha de insectos para una alimentación sostenible representa un campo en rápida evolución con un potencial significativo para abordar los desafíos de la seguridad alimentaria y la sostenibilidad ambiental a nivel global. A medida que la investigación y la innovación avanzan, y los marcos regulatorios se ajustan a las particularidades de este sector emergente, se espera que la producción de insectos comestibles se consolide como un componente clave de los sistemas alimentarios del futuro. Una comprensión detallada de todas las etapas de producción primaria (desde la reproducción hasta el sacrificio) junto con la aplicación rigurosa de prácticas de higiene y bioseguridad, resulta esencial para garantizar alimentos seguros y de alta calidad. Esto allanará el camino hacia una adopción más amplia de la entomofagia como una solución alimentaria sostenible, nutritiva y viable a largo plazo.

Referencias

[1] Siddiqui, S. A. *et al.* (2024): "Bioconversion of organic waste by insects: A comprehensive review", *Process Safety and Environmental Protection*, 187.

[2] Red de Seguridad Alimentaria del CONICET (2021): *Producción de insectos para consumo humano. Descripción de procesos y perfil de riesgo*, RSA-CONICET, Buenos Aires.

[3] Kauppinen, E. (2019): *House cricket (Acheta domesticus) processing for food applications: focusing on drying and milling*, University of Helsinki, Helsinki.

[4] Huis, A. van *et al.* (2015): "Insects to feed the world", *Journal of Insects as Food and Feed*, 1, pp. 3-6.

[5] Miech, P. *et al.* (2016): "Growth and survival of reared Cambodian field crickets (*Teleogryllus testaceus*) fed weeds, agricultural and food industry by-products", *Journal of Insects as Food and Feed*, 2, pp. 285-292.

[6] Reverberi, M. (2020): "Edible insects: cricket farming and processing as an emerging market", *Journal of Insects as Food and Feed*, 6, pp. 211-220.

[7] Enwemiwe, V. N. y Popoola, K. O. (2018): "Edible insects: rearing methods and incorporation into commercial food products: a critical review", *International Journal of Advanced Research and Publications*, 2, pp. 38-46.

[8] Ngonlong, E. E.; Bergen, K. y Keppens, C. (2014): "Circular concerning the breeding and marketing of insects and insect-based food for human consumption", Federal Agency for the Safety of the Food Chain, Bélgica.

[9] Hanboonsong, Y. *et al.* (2013): *Six-legged livestock: edible insect farming, collection and marketing in Thailand*, FAO, Roma.

[10] Vandeweyer, D. (2018): *Microbiological Quality of Raw Edible Insects and Impact of Processing and Preservation*, Katholieke Universiteit Leuven, Lovaina.

Adulto de *Tenebrio molitor*,
escarabajo de la harina.

Elia Herminia Valdés Miramontes,
Norma Esmeralda Castañeda Jiménez
y Ligia Esperanza Díaz Prieto

5. El consumo de insectos en México: una tradición culinaria

Introducción

La interacción del hombre con los insectos ha estado presente desde hace miles de años, sobre todo en las culturas tradicionales; en estas interacciones, se incluyen la alimentación, la medicina, la historia, la agricultura, etc. [1]. De manera especial, los grupos étnicos muestran un sorprendente manejo y conocimiento de los recursos naturales, que con frecuencia forman parte de su vida y de su cultura, de sus ritos, mitos, creencias y valores, para lograr la sustentabilidad de sus recursos, preservar sus hábitos y costumbres, y así continuar en lo profundo de su ser. En el mundo, más de dos mil millones de personas consumen insectos de diversas maneras, predominantemente en Asia, África y América Latina, incluyendo a México [2]. Más de 2.100 especies de insectos han sido catalogadas en todo el mundo como productos alimentarios [3]. Los insectos son invertebrados considerados un importante componente de la biodiversidad mexicana, y su biomasa representa aproximadamente el 95% del reino animal [4,5]. Actualmente, constituyen una fuente de alimento prometedora gracias a su alto valor nutricional [5].

Se estima que la demanda mundial de productos ganaderos se duplique entre los años 2000 y 2050, considerando que la población mundial alcanzará los nueve mil millones de habitantes en 2050; en consecuencia, las fuentes convencionales de proteínas no serán suficientes para alimentar a una población mundial en expansión y se requerirá optar por el consumo de fuentes alternativas de alimentos, como

Figura 5.1. Jumiles o chinches de monte trepando por el plástico y el palo central para su exhibición en los jumileros de los mercados ambulantes.

algas, hongos y, particularmente, insectos comestibles.

Aunque los insectos se han consumido desde los orígenes de la humanidad, dentro de las prácticas tradicionales de subsistencia en sus hábitats naturales, la nueva tendencia en su estudio como una alternativa beneficiosa para el consumo humano y la fabricación de pienso para animales se inició en 2013, a lo que se une la necesidad de examinar nuevas prácticas de la ciencia de los alimentos para incrementar el comercio, el consumo y la aceptación de insectos comestibles [1]. En los últimos años, los estudios etnoentomológicos en México pretenden rescatar, mantener su integridad y valorar el consumo de insectos por la población [6].

Obtención y consumo de insectos en México

Los órdenes de insectos más consumidos en México son Hymenoptera, Hemiptera, Coleoptera, Orthoptera y Lepidoptera. En México, la mayor cantidad de insectos son consumidos por las diferentes etnias indígenas.

Figura 5.2. Ejemplar de *Myrmecocystus mexicanus* u hormiga mielera en el que se aprecia el abdomen lleno de néctar.

Los pueblos indígenas han consumido insectos como alimento desde hace mucho tiempo. La obra de Fray Bernardino de Sahagún (1499-1590) constituye una de las fuentes históricas más renombradas sobre México. En ella, se enumeran 96 especies de insectos comestibles que se consumían regularmente en el centro de México antes de la conquista española. Entre ellos, se encuentran los gusanos de maguey y los chapulines; además, se han identificado 91 especies de insectos comestibles que se consumían en el Valle de México en la época prehispánica. Estos insectos proporcionaban una importante fuente de proteínas, vitaminas y minerales a una población donde otras fuentes de proteínas, como la carne, estaban reservadas principalmente para la nobleza y donde había pocos animales domésticos [7].

La diferencia en el grado de consumo de insectos puede deberse a varios factores, como el ecosistema del lugar donde se encuentra la población, la época del año, la abundancia de la especie, que impide su extinción y logra así su sustentabilidad en el ecosistema, y las condiciones ambientales imperantes en el lugar. La mayor parte de los insectos que se consumen en México presentan características organolépticas (sabor, textura, olor y color) atractivas. Sus sabores son muy variados, los cuales son similares a muchos de los sabores conocidos y aceptados en el mundo (caviar, pescado, camarón, chicharrón, pollo, elote, papa frita, aguacate, semilla de calabaza, nuez, almendra, piñón, etc.). Algunos no poseen un sabor característico y toman el de los ingredientes con los que se preparan (ajo, cebolla, limón, etc.) [6].

En una cantidad importante de platillos tradicionales mexicanos se incorporan insectos, tal es el caso de los tlacoyos y las quesadillas que se rellenan con gusanos de maguey o gusanos del nopal, algunos tipos de tamales y salsas añaden como parte de su receta a las chicatanas (*Atta mexicana*), una especie de hormiga cortadora de hojas americana. Los insectos se agregan a diferentes platillos con un proceso previo de tostado, deshidratado o frito [8].

En México, el cultivo de insectos es aún muy minoritario en relación con el número de especies comestibles que se ingieren, ya que gran parte de esos insectos consumidos crecen de manera natural en los diferentes ecosistemas. En el caso de los chapulines, se cuida el terreno donde estos nacen en un ambiente natural asociado a las plantas verdes. Existen diversas formas de obtención de los insectos comestibles, como la colecta manual o con instrumentos diversos. Una vez cosechados, los insectos son preservados generalmente por secado al sol o en el comal (utensilio básico que en cocina mexicana se usa como plancha de cocción), guardándose después en bolsas de papel, bolsas de malla, de plástico o incluso en costales de tela, para contar con alimento cuando este escasea. También se preservan en salmuera. Una cantidad importante de los insectos se consumen asados, a lo que se le agrega sal o salsa de chile y poniéndolos en tortilla en forma de taco. Muy pocas especies se comen vivas, como es el caso de algunas especies de jumiles o la hormiga mielera [6] (figuras 5.1 y 5.2).

El chapulín de la milpa (*Sphenarium purpurascens*)

El *Sphenarium purpurascens*, insecto endémico de México, presenta una distribución geográfica muy amplia que comprende el centro, sur y occidente en estados como Oaxaca, Guerrero, Michoacán, Jalisco, Veracruz, Puebla, Tlaxcala, Hidalgo, Morelos, Estado de México, Chiapas y Tabasco. Coloquialmente se le conoce como saltamontes o chapulín de la milpa, ya que es abundante en agroecosistemas donde se cultiva el maíz (figura 5.3). Dentro de los ecosistemas, este insecto se alimenta de flores y hojas de plantas, entre las que se incluye el maíz. Durante la época de lluvias constituye un abundante recurso alimentario de gran calidad nutricional en diversas zonas rurales de México, en especial de proteína y ácidos grasos insaturados [9].

El chapulín de la milpa es uno de los insectos más consumidos en México. Puede comerse entero, deshidratado, molido o en harinas, como entremés o en platillos más elaborados. Se venden en los mercados y calles de las localidades en donde se cosechan o se llevan a otros sitios a vender como una botana o aperitivo barato y nutritivo [10]. Los chapulines son parte de la gastronomía y símbolo de identidad para los mexicanos (figura 5.4).

En los últimos años, la industria alimentaria busca ingredientes alternativos que puedan ser adicionados a diferentes productos para mejorar la calidad nutritiva, funcional y tecnológica; entre ellos, tenemos la harina de insectos [11].

La harina de chapulín se elabora a partir de los insectos deshidratados al sol, que posteriormente se muelen en un molino artesanal. Esta harina se ha incorporado a algunos alimentos con el fin de mejorar su calidad nutricional. Un ejemplo lo encontramos en la tortilla de maíz (totopo). Este alimento tradicional y básico en la cocina mexicana se elabora

Figura 5.3. Chapulín de la milpa sobre una hoja de maíz.

Figura 5.4. Vendedora de chapulines de la milpa, del mercado municipal de la ciudad de Oaxaca, México.
Fotografía: Norma Esmeralda Castañeda Jiménez.

a base de masa de maíz nixtamalizado, un proceso ancestral que consiste en cocer los granos de maíz en una solución alcalina de agua y cal alimentaria. Esta técnica no solo mejora la textura y el sabor del maíz, sino que también incrementa la biodisponibilidad de nutrientes esenciales como el calcio y la vitamina B3. Los totopos se cuecen en un horno tradicional conocido como comixcal, lo que les confiere una textura crujiente y un sabor característico. Con el objetivo de enriquecer su valor nutricional, se ha experimentado con la incorporación de harina de chapulín en diferentes proporciones, siendo una de las más efectivas la mezcla de masa de maíz y harina de chapulín en una proporción 85:15 (figura 5.5). Esta combinación ha demostrado ser prometedora en la mejora del perfil nutricional del totopo [12].

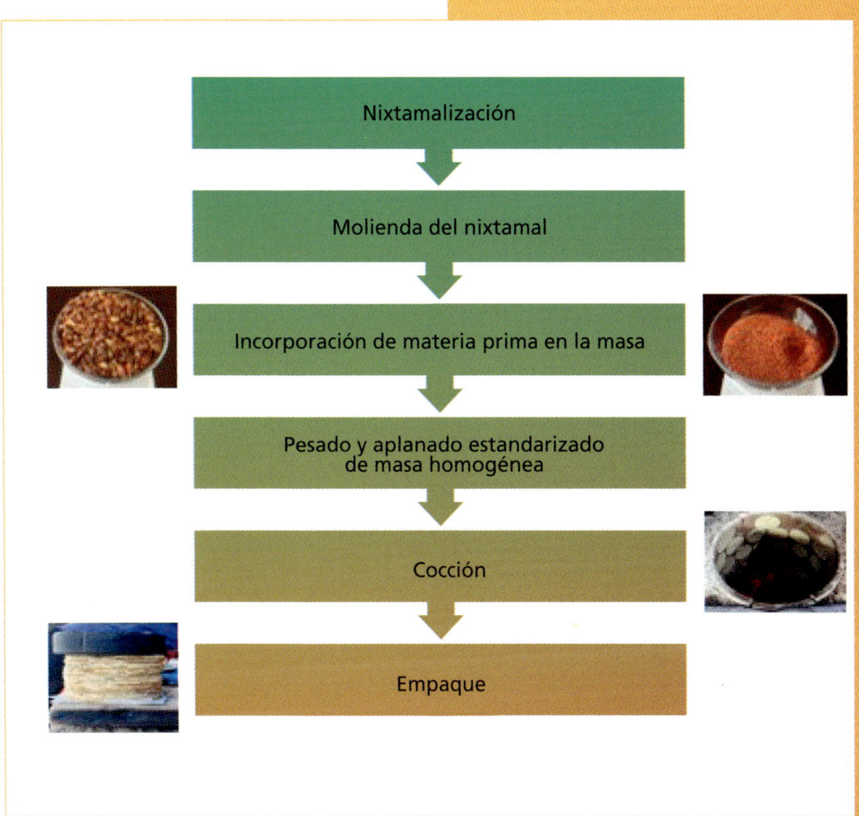

Figura 5.5. Proceso de elaboración de totopo, enriquecido con harina de chapulín de la milpa.
Fuente: Norma Esmeralda Castañeda Jiménez.

La inclusión de harina de insecto en la elaboración de totopos representa una estrategia eficaz para aumentar su contenido proteico, abordando así las deficiencias nutricionales en comunidades donde el acceso a fuentes tradicionales de proteína animal es limitado. Diversos estudios han evidenciado que la adición de un 10% de harina de chapulín a productos de maíz nixtamalizado puede elevar el contenido de proteína cruda hasta un 17%, además de incrementar la presencia de minerales esenciales como el hierro y el zinc. Este enfoque no solo enriquece la dieta tradicional, sino que también promueve prácticas alimentarias sostenibles y culturalmente relevantes.

También se han elaborado otros productos como salchichas a partir de harina de chapulín, simulando a esto embutidos tradicionales. Los resultados del análisis sensorial mostraron que las salchichas elaboradas con harina de chapulín presentan algunas características organolépticas más favorables que las salchichas convencionales.

La aceptación de insectos o alimentos que contienen insectos probablemente está asociada con el desarrollo de estrategias de procesamiento adecuado de estos, como la extracción, purificación y el uso de proteínas de insectos como aditivos alimentarios [1]. Varios estudios recientes han puesto de manifiesto que las personas tienden a mostrar una mayor disposición a consumir productos que contienen insectos triturados en comparación con aquellos que presentan insectos enteros. Esta tendencia puede estar relacionada con factores como la percepción estética, la textura y la familiaridad con los alimentos. Al triturar los insectos, se integran de manera más homogénea en los productos alimentarios, lo que puede hacer que sean más aceptables para los consumidores. Además, el uso de insectos en su forma triturada puede contribuir a la creación de alternativas alimentarias más sostenibles y nutritivas, lo que abre un interesante campo de investigación en la alimentación del futuro [13].

Desarrollar un protocolo general para procesar proteínas de insectos no es tarea fácil. Cada especie tiene características únicas que influyen en el tratamiento que requiere, como su tamaño, forma de cultivo, reproducción, etapa de vida, contenido de proteínas, digestibilidad y los aminoácidos que aporta.

Un ejemplo interesante lo encontramos en el estudio de Castañeda Jiménez (2025) [12], quienes analizaron la aceptación de totopos de maíz enriquecidos con harina de chapulín de la milpa. Para evaluar el nivel de satisfacción de estos productos, aplicaron una prueba sensorial usando una escala hedónica de cinco puntos, donde 1 significa "me disgusta mucho" y 5 "me gusta mucho". Los resultados fueron prometedores: el 55% de los participantes calificó los totopos con harina de chapulín deshidratada como "me gusta", y el 40% dijo "me gusta mucho". Por otro lado, los totopos con harina de chapulín sazonada obtuvieron aún mejores resultados: el 60% de los encuestados los valoró como "me gusta mucho" y el 33,33% como "me gusta".

Calidad nutricional de los insectos

La mayoría de las especies de insectos son ricas en proteínas, ácidos grasos, vitaminas, fibra y minerales, por lo que es una fuente alternativa de nutrientes de calidad para los habitantes de varios países del mundo [14].

La variación en el contenido nutricional de los insectos comestibles depende de varios factores, como la especie, la dieta, el tipo y la etapa de desarrollo, así como de su hábitat. La composición nutricional también puede verse afectada por el método de preparación a los que son sometidos antes de su consumo (hervido, frito, horneado, secado). A pesar de la variación en la composición nutricional, los insectos son considerados como un alimento muy importante para el consumo humano en muchas partes del mundo [15].

Algunos insectos, como las termitas, los saltamontes, las orugas, los gorgojos y las moscas domésticas son mejores fuentes de proteína en peso que la carne de res, cerdo, pollo y cordero [14]. El contenido proteico de un insecto es fundamental al evaluar su importancia en la entomofagia. A nivel mundial, los insectos comestibles, especialmente las especies del orden Orthoptera (saltamontes, grillos y langostas), representan una valiosa fuente alternativa de proteínas.

La variación en el contenido de proteína de los insectos es muy amplia, que puede oscilar entre el 13% y el 77% de la materia seca [16]. La mayoría de los insectos comestibles estudiados [1] presentan niveles de proteínas similares e incluso mayores a los de la carne de res, el pescado o el camarón, como en el caso de los chapulines de la milpa, que como

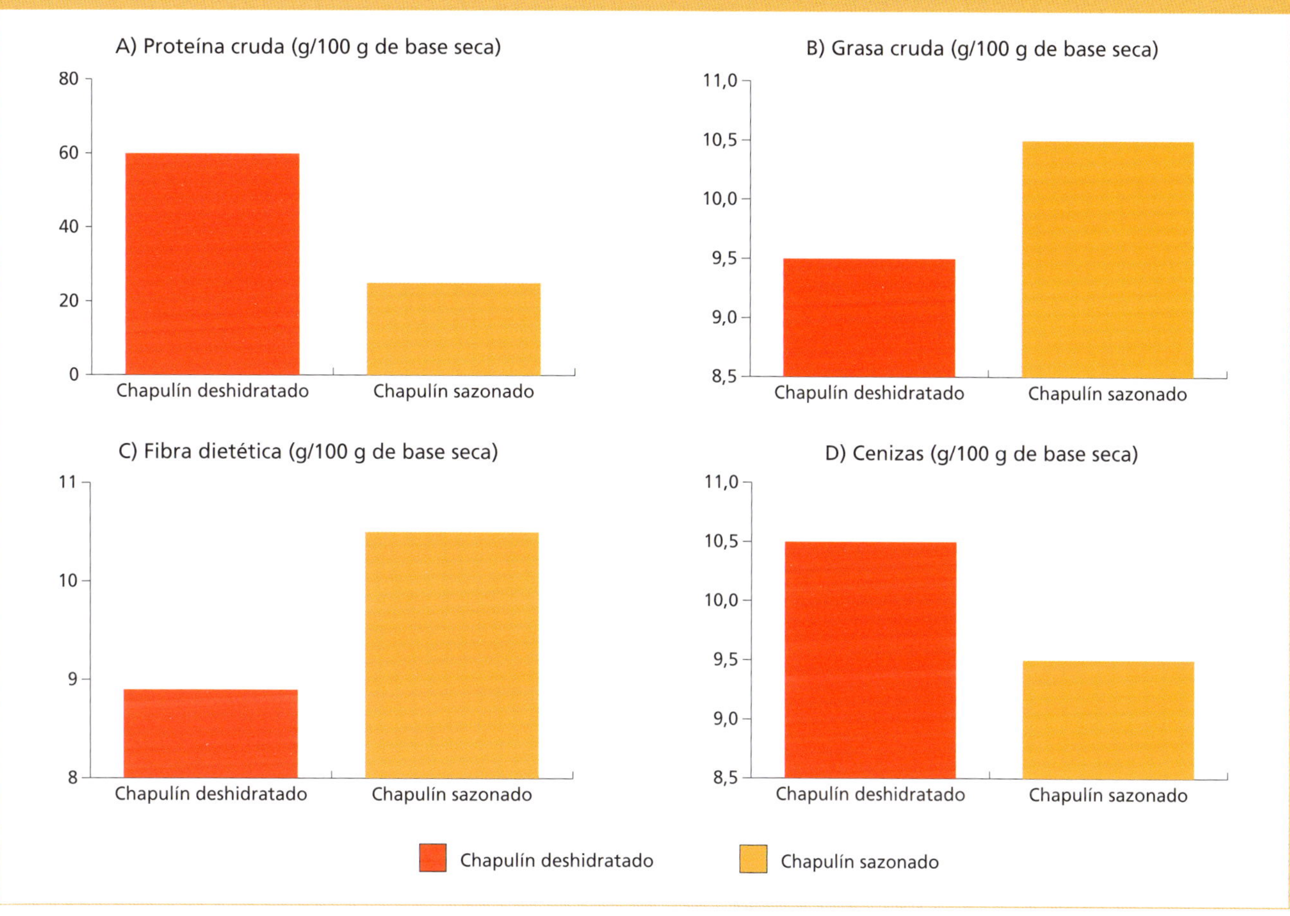

Gráfico 5.1. A-D Composición nutricional de dos presentaciones del chapulín de la milpa (g/100g de materia seca). Valores de A: proteína, B: grasa, C: fibra y D: cenizas, según su presentación: deshidratado o sazonado.
Fuente: Castañeda Jiménez (2025).

ya se mencionó con anterioridad, se han consumido de diversas maneras en México. Varios estudios han demostrado que la calidad proteica de los insectos es prometedora en cuanto a disponibilidad y digestibilidad, la cual puede mejorarse al eliminar la quitina. Para considerar a los insectos como una fuente alternativa de proteínas, se requiere investigación adicional sobre la calidad de estas. Esto incluye el espectro de aminoácidos de los insectos comestibles y su idoneidad para la nutrición humana [11].

El chapulín de la milpa (*Sphenarium purpurascens*) presenta un contenido de proteína de 57% a 58%; de fibra cruda (quitina), de 8% a 10% y de cenizas, de 5% a 11%. La cantidad de aminoácidos

esenciales es de 51,85 g por cada 100g de proteína; de aminoácidos no esenciales, 52,14 g por cada 100 g de proteína; 0,780 g de sodio, 0,299 g de potasio, 0,137 g de calcio, 0,049 g de zinc, 0,019 g de hierro, 0,589 g de magnesio, 0,27 mg de tiamina, 0,59 mg de riboflavina y
1,56 mg niacina. Estos resultados son expresados en base seca [2,12]. En el gráfico 1. A, B, C y D se muestra el contenido de algunos nutrientes del chapulín de la milpa.

Estudios recientes han demostrado que la biodisponibilidad de la proteína a base de chapulín es favorable en dietas para humanos [17]. Los insectos se pueden consumir en diferentes etapas de su vida: huevos, larvas, pupas o adultos y se han utilizado como alimento para los humanos desde tiempos prehistóricos, por lo que son considerados una alternativa alimentaria prometedora de consumo directo o a través de aislados de proteínas y lípidos para ser empleado como ingredientes alimentarios. No obstante, es necesario un conocimiento profundo acerca de las características nutricionales y funcionales, así como la evaluación de las percepciones y motivaciones de los consumidores para promover su consumo.

La Organización de las Naciones Unidas para la Alimentación y la Agricultura (FAO) prevé que para 2050, cuando la población mundial llegue a los nueve mil millones de habitantes, los insectos comestibles serán la forma más factible y ecológica de combatir el hambre mundial, pues representan una fuente de proteína viable y fácilmente renovable, ya que se requieren solamente 2 kg de alimento para generar 1 kg de proteína de insecto, mientras que para 1 kg de origen bovino se requieren 10 kg de alimento [18,19,2]. Los insectos están considerados como el alimento del futuro, porque la crianza y reproducción puede llegar a ser una estrategia idónea para la reducción de la contaminación causada por la ganadería y porque los insectos comestibles poseen una alta calidad nutritiva [20].

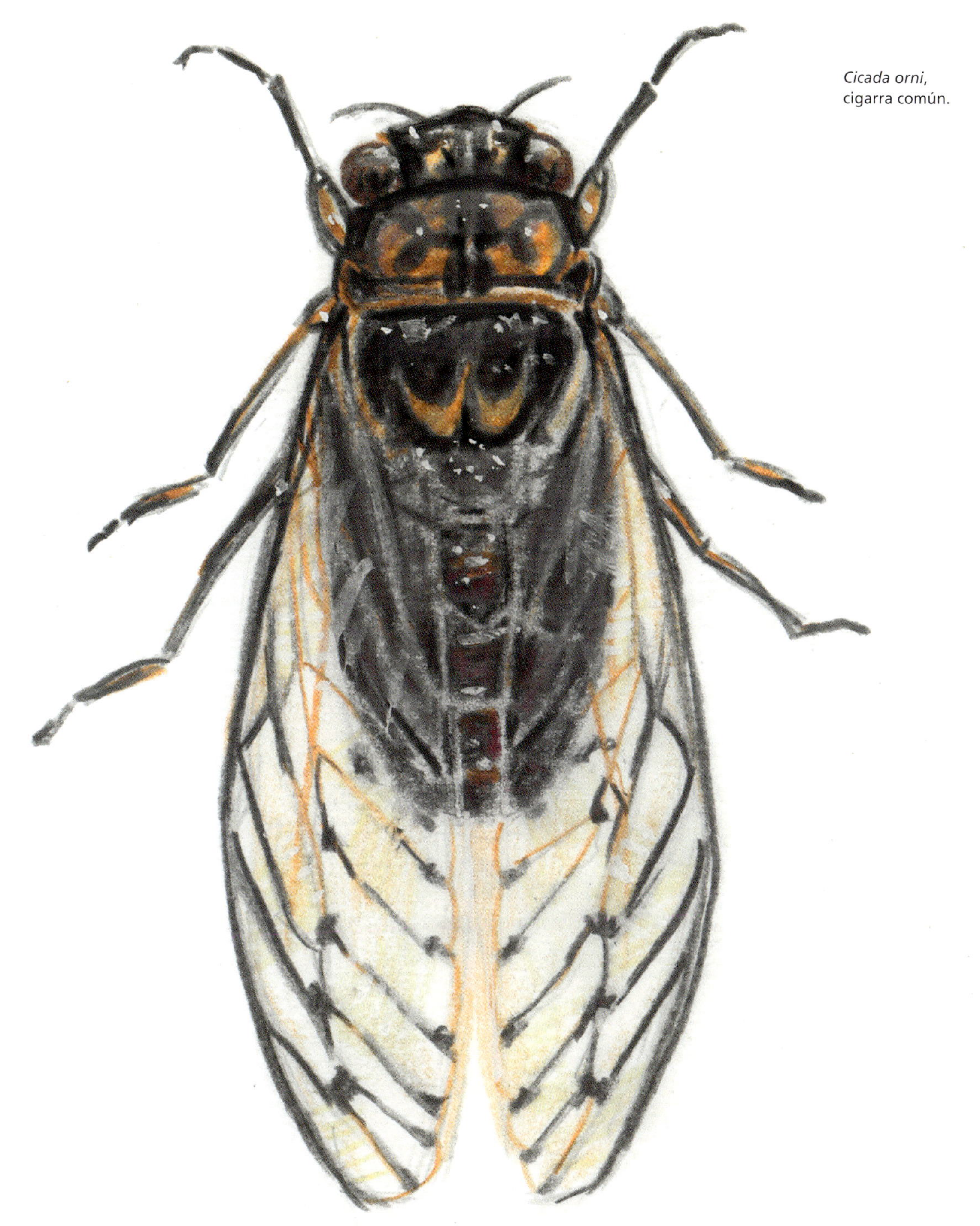

Cicada orni,
cigarra común.

Referencias

[1] Huis, A. van (2013): *Edible insects: future prospects for food and feed security*, Food and Agriculture Organization of the United Nations, Roma.

[2] López-Jaime, A.; Martínez-Acosta, R. y Ubaldo-Aguilar, M. (2023): "Chapulín, una alternativa alimenticia con una gran fuente de proteína: entomofagia como suplemento alimento y su impacto en la dieta diaria", *RD-ICUAP*, 9, pp. 1-12.

[3] Jongema, Y. (2017): "List of edible insects of the world", Laboratory of Entomology, Wageningen University, Wageningen.

[4] Vercruysse, L. *et al.* (2005): "ACE inhibitory activity in enzymatic hydrolysates of insect protein", *Journal of Agricultural and Food Chemistry*, 53(13), pp. 5207-5211.

[5] Huis, A. van y Oonincx, D. G. A. B. (2017): "The environmental sustainability of insects as food and feed. A review", *Agronomy for Sustainable Development*, 37, art. 43.

[6] Ramos-Elorduy, J. y Montesinos-Viejo, J. L. (2007): "Los insectos como alimento humano: Breve ensayo sobre la entomofagia, con especial referencia a México", *Boletín de la Real Sociedad Española de Historia Natural. Sección biológica*, 102(1-4).

[7] Acuña, A. M. *et al.* (2011): "Edible insects as part of the traditional food system of the Popoloca town of Los Reyes Metzontla, Mexico", *Journal of Ethnobiology*, 31(1), pp. 150-169.

[8] Ramos-Elorduy, J. (2004): "La etnoentomología en la alimentación, la medicina y el reciclaje", en J. E. Llorente Bousquets *et al.* (eds.), *Biodiversidad, taxonomía y biogeografía de artrópodos de México: hacia una síntesis de su conocimiento*, UNAM, Facultad de Ciencias, Ciudad de México, pp. 329413.

[9] Torruco-Uco, J. G. *et al.* (2019): "Chemical, functional and thermal characterization, and fatty acid profile of the edible grasshopper (Sphenarium purpurascens Ch.)", *European Food Research and Technology*, 245(2), pp. 285-292.

[10] Avendaño, C.; Sánchez, M. y Valenzuela, C. (2020): "Insectos: son realmente una alternativa para la alimentación de animales y humanos", *Revista Chilena de Nutrición*, 47(6).

[11] Acosta-Estrada, B. A. *et al.* (2021): "Benefits and Challenges in the Incorporation of Insects in Food Products", *Frontiers in Nutrition*, 8.

[12] Castañeda Jiménez, N. E. (2025): *Significado social y económico del totopo de maíz (Zea mays L.) tradicional de la región del istmo de Tehuantepec y reformulación del producto: evaluación de la composición nutricional y aceptabilidad sensorial*, tesis de maestría, Universidad de Guadalajara, Jalisco.

[13] Silva Lucas, A. J. da *et al.* (2020): "Edible insects: An alternative of nutritional, functional and bioactive compounds", *Food chemistry*, 311, p. 126022.

[14] Srivastava, S. K.; Naresh, B. y Hema, P. (2009): "Traditional insect bioprospecting: as human food and medicine", *Indian J Tradit Knowl*, 8(4), pp. 485-494.

[15] Oonincx, D. G. A. B. y Finke, M. D. (2021): "Nutritional value of insects and ways to

manipulate their composition", *Journal of Insects as Food and Feed, 7*(5), pp. 639-659.

[16] Xiaoming, C. *et al.* (2010): "Review of the nuritive value of edible insects", en P. B. Durst *et al.* (eds.), *Forest insects as food: humans bite back. Proceedings of a workshop on Asia-Pacific resources and their potential for development*, Food and Agriculture Organization of the United Nations Regional Office for Asia and the Pacific, Bangkok, pp. 85-92.

[17] Champika, G. S. *et al.* (2022): "Replacement of fishmeal by house cricket (*Acheta domesticus*) and field cricket (*Gryllus bimaculatus*) meals: Effect for growth, pigmentation, and breeding performances of guppy (*Poecilia reticulata*)", *Aquaculture Reports*, 25, p. 01260.

[18] Font-i-Furnols, M. (2023): "Meat Consumption, Sustainability and Alternatives: An Overview of Motives and Barriers", *Foods*, 12(11), p. 2144.

[19] Fernández, F. J. L. y Gázquez, A. E. (2016): *Organización y estructura sanitaria*, Asociación Cultural y Científica Iberoamericana (ACCI), Madrid.

[20] Ramos, J. van *et al.* (2015): *Acridofagia y otros insectos: en donde se cuenta sobre la crianza, recolección, preparación, y consumo de chapulines, gusanos, hormigas y otros bichos para salvar al mundo*, Trilce Ediciones, Ciudad de México.

María Paula Deaza Fernández, Annamaria Filomena Ambrosio, Luz Indira Sotelo Díaz y Bibiana Ramírez Pulido

6. Tradición, cultura y ciencia: un reto para la incorporación de grillos en la gastronomía colombiana

Introducción

Alimentarse refleja la identidad cultural de una sociedad, y en Colombia, cada región expresa su historia y tradiciones a través de la gastronomía. Platos como el tamal, el ajiaco, las empanadas o la lechona revelan el vínculo entre el territorio, el clima y sus habitantes. Hoy, sin embargo, se plantean desafíos como adoptar una alimentación más sostenible. En este contexto, la ciencia propone opciones como el consumo de insectos, una fuente nutritiva y con bajo impacto ambiental, aunque aún poco aceptada en el país.

Desde el comienzo de la humanidad, la variedad de alimentos que consume el ser humano depende de la disponibilidad de estos en el lugar donde viven. A pesar de su nomadismo, la domesticación del fuego y la agricultura permitieron al ser humano asentarse en un mismo lugar, lo que condicionó aún más su alimentación [1]. Por este motivo, los hábitos alimentarios dependen de los aspectos tanto propios como ajenos a los humanos tales como los recursos físicos que los rodean.

El valor nutricional de los alimentos ha determinado la evolución del ser humano. Su conocimiento de las ventajas de estos nutrientes le ha permitido aumentar su expectativa de vida, por medio de la modificación de sus hábitos alimentarios. La proteína, uno de los tres macronutrientes, es parte fundamental del desarrollo neurológico y físico del ser humano, de ahí la importancia adjudicada al consumo de carne animal considerada una de las fuentes principales de proteína.

La domesticación y uso del fuego para la cocción de proteínas animales

Figura 6.1. Mapa de Colombia con sus regiones.
Fuente: María Torre Sarmiento.

facilitaron el consumo de carne animal y aumentaron su ingesta dentro de la población, lo que conllevó a la aceleración del proceso evolutivo del ser humano [1]. Con el crecimiento poblacional de la especie, se hizo necesario aumentar la producción de la proteína apta para el consumo humano, que junto al consumismo propició un crecimiento exponencial a nivel mundial. De ahí la expansión de la industria cárnica, pero también de un deterioro ambiental cada vez más evidente, lo que ha dado lugar a diferentes movimientos que aseguraban que el consumo de proteínas animales aceleraba considerablemente el ritmo del calentamiento global.

Como resultado de este movimiento, se inició la búsqueda de fuentes proteicas alternativas que pudieran suplir la necesidad fisiológica del cuerpo de este macronutriente, pero que fueran mucho más sostenibles a nivel económico y ambiental [2]. En este proceso, algunas legumbres e insectos se convirtieron en un foco de esperanza para aquellos que buscaban una solución; sin embargo, estos últimos, relacionados con temas de insalubridad y suciedad no fueron muy bien recibidos por la población, quienes a pesar de escuchar o verificar sus beneficios nutricionales no concebían el hecho de consumirlos como alimentos regulares y cotidianos.

En algunas comunidades indígenas del territorio colombiano, los insectos forman parte de la dieta tradicional. Aun así, en la mayoría del país, hablar de comer insectos sigue siendo un tema que despierta resistencias debidas a prejuicios culturales. Esto nos plantea una pregunta importante: ¿es posible que tradición, cultura y ciencia trabajen juntas para transformar la forma en que nos alimentamos? ¿Podríamos incorporar nuevos ingredientes sin perder nuestra identidad culinaria? Comprender las percepciones culturales, derribar prejuicios y aprovechar la creatividad gastronómica puede abrir camino a un diálogo entre el pasado y el futuro de nuestra alimentación. El objetivo de este capítulo es explorar cómo la tradición y la cultura alimentaria colombiana pueden dialogar con la ciencia para abrir camino a la incorporación de insectos en nuestra gastronomía, entendiendo tanto las resistencias culturales como las oportunidades de innovación sostenible que esta propuesta representa.

Influencia de la cultura en las tradiciones alimentarias de las comunidades colombianas y su relación con los insectos

Colombia, un país con una riqueza biológica inmensa, gracias a su geografía y su diversidad climática, es el segundo país más biodiverso del mundo. Como resultado de las influencias culturales de todos aquellos migrantes que llegaron al territorio americano desde el descubrimiento de América, se ha construido una de las gastronomías quizá más complejas del mundo, que cuenta con una gran variedad de ingredientes, técnicas y creencias y que la enriquecen día tras día.

El interior del país (cada una de las regiones visibles en la figura 6.1), cuenta con una identidad culinaria diferenciada, debida a la diversidad climática y la existencia de distintos ingredientes y usos diferentes. A ello hay que añadir la influencia extranjera o del proceso conocido como mestizaje culinario, que durante siglos ha transformado los hábitos alimentarios humanos, haciendo que elementos propios de cada lugar del mundo aparezcan, se extingan o permanezcan a causa de la tradición oral y la pertenencia que sienten los habitantes de su cultura.

De otro lado, la globalización e industrialización han favorecido la migración al mismo tiempo que han deteriorado hábitos y diversidad biológica, lo que propicia la desaparición de algunas recetas y productos que años atrás eran parte fundamental de la cultura gastronómica colombiana. Además, el cambio de percepción de algunos alimentos ha contribuido a variaciones en los hábitos alimentarios; un ejemplo de esto es la chicha, bebida fermentada indígena elaborada a base de maíz que fue desplazada por la cerveza a causa de la promoción desleal y deshonesta de esta última a fin de aumentar su consumo [3].

Si bien muchos elementos de la cultura gastronómica han perdurado, solo recientemente la legislación nacional se ha actualizado para protegerla, lo que ha favorecido la apropiación de la identidad mediante el reconocimiento de tradiciones alimentarias, que contribuyen de este modo al turismo gastronómico y al crecimiento económico en el país. Todo ello se ha evidenciado en la oferta de restaurantes y hoteles, que han aumentado el interés de turistas locales y extranjeros por conocer la cultura local, lo que ha mejorado la economía de diferentes lugares en el país. Algunos de estos establecimientos han sido reconocidos entre los mejores restaurantes del mundo.

Regiones como Amazonas, Eje Cafetero, Medellín, Boyacá y Cartagena han entendido este concepto, creando experiencias que satisfacen el interés de las personas por la cultura local, preservando costumbres, ingredientes y preparaciones como el consumo de insectos. Esto ha promovido una actividad económica que además de ser atractiva para el visitante, resulta rentable para el nativo que vive de ella. En definitiva, dicha promoción está ayudando a la preservación de estos hábitos alimentarios al mismo tiempo que satisface el interés del sector turístico y gastronómico.

Figura 6.2. Hormiga culona (*Atta laevigata*). Departamento de Santander (Colombia).

Insectos representativos en la alimentación en Colombia

Aunque los insectos han sido parte de la dieta desde la antigüedad en Colombia, con el paso del tiempo y los intercambios culturales su consumo ha disminuido considerablemente, llegando a desaparecer en algunas ciudades y municipios del país. A pesar de esto, en algunos lugares como Santander, Amazonas, Vaupés, Cesar y algunos otros pueblos, el consumo de insectos como hormigas, escarabajos, gusanos y saltamontes permanecen, mayoritariamente entre grupos indígenas, que aún preservan la entomofagia dentro de sus hábitos alimentarios [4].

En el municipio de Guane, en Santander, y en otros lugares del país, las hormigas culonas (*Atta laevigata*) se comercializan como parte de este fomento turístico (figura 6.2).

También es el caso del mojojoy (*Phyllophaga* sp. y *Rhynchophorus palmarum*), las hormigas limón (*Myrmelachista schumann*) y las termitas soldado picantes (*Syntermes* sp.) en el Amazonas, demandadas por turistas que llegan al pulmón del mundo en búsqueda de paisajes maravillosos y nuevas experiencias (figura 6.3).

Por otro lado, en otras zonas de Colombia, la entomofagia se resiste a desaparecer, gracias al arraigo cultural que existe en algunas comunidades del país, que promueven esta práctica en las nuevas generaciones. Ejemplo de esto es Vaupés, un departamento ubicado al suroriente del territorio colombiano donde el ají de hormiga tostada [*Atta* (soldado y reina) y *Acromyrmex*], termitas soldado (*Syntermes*) y orugas [*Vespidae* (larva y pupa)] (figura 6.4) forman parte de la dieta de las comunidades tucano y barasana, asentadas en este departamento.

Por otro lado, los yukpa, otra comunidad indígena del departamento del Cesar, consumen escarabajo perforador (*Euchroma gigantae*) rinoceronte y pelotero (*Podischnus agenor*), así como saltamontes de cuernos cortos (acrídidos) (*Agesander ruficornis*) [6] (figura 6.5).

A pesar de que el consumo de insectos no ha desaparecido en su totalidad en el territorio colombiano, es necesario seguir desarrollando estrategias que favorezcan su preservación, como las usadas en Amazonas o Santander, que hacen uso del turismo ecológico y gastronómico para romper con los estigmas y estereotipos sobre el consumo de insectos como parte de la dieta. Adicionalmente, es preciso regularizar la producción y comercialización de insectos, sin olvidar las tradiciones culturales de las comunidades indígenas y las necesidades del mercado, para fomentar su consumo.

Figura 6.3. Larva de *Rhynchophorus*, adultos de hormiga limón (*Myrmelachista schumann*) y termitas picantes (*Syntermes soldado*), Departamento del Amazonas, Colombia.

Figura 6.4. Hormigas de los géneros *Atta* y *Acromyrmex*, termita soldado del género *Synternes* y lavas de la familia *Vespidae*. Departamento de Vaupés (Colombia).

Figura 6.5. Escarabajo perforador (*Euchroma gigantae*) rinoceronte y pelotero (*Podischnus agenor*) y saltamontes de cuernos cortos (*Agesander ruficornis*). Departamento del Cesar (Colombia).

Desafíos en la transformación de grillos en harinas de fácil incorporación para alimentación humana

Los ingredientes en polvo o harina facilitan su incorporación en diversos productos alimentarios, es así como la harina de grillo, con sus propiedades bromatológicas y su aporte nutricional, resulta atractiva para la alimentación humana. Sin embargo, existen algunos retos que influyen en la aptitud de uso de estas harinas obtenidas de grillo:

- Fobia: el miedo específico al consumo de insectos que puede estar relacionado con la entomofobia y la neofobia (rechazo a probar alimentos nuevos) alimentaria.
- Cultivo de grillos sostenible: La calidad fisicoquímica y sensorial de las harinas de grillo es el resultado de procesos estandarizados, desde la crianza de los insectos hasta la obtención de harina. Una alimentación adecuada a partir de follajes naturales, sin uso de piensos utilizados en alimentación animal, influye sobre la calidad sensorial de las harinas [5]. Además, indicadores de sostenibilidad proponen sustituir al menos el 25% de las proteínas del ganado con proteínas alternativas (más sostenibles). Esta medida reduciría al menos el 4% de las emisiones agrícolas de gases de efecto invernadero (GEI), pues los insectos comestibles requieren menos del 50% de tierra y agua comparado con otras proteínas [6].
- Seguridad para el consumo: Las barreras en las regulaciones sobre insectos para consumo humano limitan el aseguramiento de su consumo inocuo y el aumento de su aceptabilidad. Por un lado, la Autoridad Europea de Seguridad Alimentaria considera los insectos enteros y sus partes como nuevos alimentos (CE 2015/2283), mientras el *Codex Alimentarius* no los contempla como alimentos y los considera impurezas. En Estados Unidos, los alimentos con insectos requieren etiquetas de advertencia sobre alérgenos, dada la evidencia significativa de que las personas alérgicas a los mariscos también pueden serlo a insectos. Por todo ello, se han utilizado varias técnicas de procesamiento, que incluyen limpieza, calentamiento y secado, que provocan una disminución de la inmunorreactividad del alérgeno tropomiosina.
- Técnicas de procesamiento. Los procesos para convertir insectos en harinas de baja humedad y actividad de agua combinan técnicas de deshidratación y tratamiento térmico, fundamentales para garantizar la estabilidad microbiológica y la funcionalidad alimentaria. Se inician con un lavado con agua y tamizado que elimina excrementos y otros materiales no deseados [7]; las vellosidades y partes espinosas se separan para evitar sensaciones desagradables en la boca y reducir el riesgo de estreñimiento intestinal. Posteriormente, se someten a secado en temperatura controlada para evitar pérdida de color, cambios en aroma, sabor o valor nutricional. Finalmente, los insectos deshidratados se trituran hasta alcanzar harinas con tamaños de partícula entre 300 a 500 µm, que puedan ser incorporadas adecuadamente [8].
- Consideraciones de calidad y propiedades tecnofuncionales de las harinas de grillo para su incorporación en productos alimentarios: tal como se ha descrito, al ser la harina de grillo una materia prima que aún debe cumplir aspectos de legislación para su incorporación, el conocimiento de sus propiedades tecno-funcionales es un aspecto fundamental tanto para la calidad fisicoquímica como la sensorial. Diferentes investigaciones realizadas muestran la viabilidad de su incorporación en hamburguesas, salchichas, suplementos de proteína en bebidas y barras energéticas y en bebidas étnicas y tradicionales similares al chocolate.

Tabla 6.1. Caracterización bromatológica de harina de grillo de la especie *G. sigillatus*.
Fuente: Filomena Ambrosio *et al.* (2021).

COMPONENTE	CONTENIDO (g/100 g)
Contenido de humedad	3,90
Proteína	62,90
Carbohidratos totales	15,26
Fibra cruda	7,70
Grasa	5,50
Cenizas	4,74
Calorías (kcal/100 g)	362
Ácidos grasos omega 3	2,12
Ácidos grasos omega 6	0,71
Aminoácidos esenciales	35,62

Estos aspectos abordados soportan el desafío de la conversión de grillos en harinas, aprovechando la versatilidad para su uso en alimentos atractivos y nutritivos. Hay que destacar que sus características fisicoquímicas facilitan la incorporación en mezclas de ingredientes secos, y desde el punto de vista sensorial sus características de color, que en el caso de harina de *G. sigillatus* se encuentra en tonalidades pardo café (L* 40,1; a* 8,52 y b* 14,0)[1], favorecen la percepción para el consumidor, y facilitan su incorporación en mezclas con ingredientes de color similar como el caso del cacao [8].

Harinas de grillo (*Gryllodes sigillatus*) en la gastronomía

Tal como se describió en el anterior apartado, elaborar harinas de insectos para su incorporación en alimentos terminados presenta grandes desafíos a nivel cultural, técnico y regulatorio. Desde el punto de vista cultural, aún se percibe el consumo de insectos como una fuente alimentaria poco convencional. En términos tecnológicos, se requiere lograr la estandarización de procesos [1] como la deshidratación, molienda y almacenamiento para lograr la seguridad microbiológica y conservación de características organolépticas. Desde una perspectiva regulatoria, es necesario cumplir con normativas específicas sobre alimentos novedosos y su etiquetado, que varían considerablemente entre regiones.

El conocimiento de las principales características fisicoquímicas, nutricionales y organolépticas de este tipo de materias primas o ingredientes facilita su incorporación en diferentes elaboraciones gastronómicas. Los insectos, en particular los grillos, representan una alternativa de alimentación nutritiva, factible y con características organolépticas favorables para el diseño de productos alimentarios. En el caso de la especie *Gryllodes sigillatus*, el contenido proteico se encuentra entre el 60% y el 70% de materia seca, son una buena fuente de ácidos grasos poliinsaturados [9] y presentan altas cantidades de micronutrientes (magnesio, hierro, calcio, potasio). Además, contiene los nueve aminoácidos esenciales (histidina, isoleucina, leucina, lisina, metionina, fenilalanina, treonina, triptófano y valina). En la tabla 6.1, se describe la caracterización bromatológica de la harina elaborada con grillo *G. sigillatus*.

Desde el punto de vista sensorial, incorporar harina de grillo (*G. sigillatus*) a productos alimentarios puede potenciar sabores a frutos secos, como

1. Esta clasificación pertenece a una medición LAB aplicada en colorimetría.

Harina de grillos

Figura 6.6. Transformación de grillos en elaboraciones gastronómicas.

nueces, y acentuar o disminuir otras notas de sabor no tan atractivas como respuesta a la matriz alimentaria diseñada. Esta es una característica fundamental a considerar en el proceso del diseño de alimentos que logren la aceptación de potenciales consumidores, como es el caso de la población joven con disposición a esta práctica alimentaria. El diseño de productos con harina de grillo requiere de interdisciplinariedad entre ciencia, arte y cultura culinaria, que favorezca la aceptación y ayude a romper paradigmas sociales alrededor del consumo de insectos. Un ejemplo de esto fue el proyecto "Desarrollo de productos alimenticios que incorporan harina de grillos (*G. sigillatus*) como fuente innovadora proteica en combinación con materias primas de Cundinamarca"[2], con el cual se logró dar un uso atractivo a la harina de grillo, frente a su consideración de ingrediente aislado y rechazado por la comunidad. A partir del conocimiento de sus propiedades nutricionales y formas de preparación, fue amalgamado con la cultura gastronómica de Cundinamarca para otorgar una nueva concepción al consumidor, incorporándolo en 33 recetas (figura 6.6). Estas recetas se encuentran en el libro *Desde Cundinamarca harina de grillo: gastronomía y sostenibilidad para Colombia y el mundo*, disponible en el repositorio Intellectum, de la Universidad de La Sabana[3], de forma gratuita [10].

Aunque las cantidades añadidas en estas recetas no superaban el 5% de harina de grillo, el porcentaje de proteína incrementado fue significativo, por ejemplo, en productos para untar Y mermeladas, cuyo contenido proteico fue un 85% mayor que la receta clásica. En otras, como la hamburguesa y la chúcula[4], se lograron contenidos de proteína del 27% y 14%, respectivamente (figura 6.7 A, B y C). No obstante, es importante mencionar que entender el producto fue clave para poder desarrollar otras alternativas.

Consideraciones finales

El crecimiento poblacional y el consumismo han provocado un desequilibrio medioambiental que ha permitido considerar nuevamente hábitos alimentarios como la entomofagia, como una alternativa nutricionalmente válida y sostenible. Aún existen retos tanto a nivel poblacional como operativo para la transformación de insectos y su

2. Convocatoria 803 de 2018 del Ministerio de Ciencia, Tecnología e Innovación.

3. Véase https://n9.cl/34049i.

4. Base de harinas y cacao que se utiliza para elaborar bebidas calientes en el altiplano cundinamarqués.

Figura 6.7. Productos con harina de grillo. (A) una hamburguesa, (B) una cuchara con chúcula y (C) una canasta de amasijos. En todas las preparaciones se añadió harina de grillo.
Fotografías: Guillermo Hernández Zorro.

incorporación en productos alimentarios que fomenten la aceptación de su consumo en la población actual.

El consumo de insectos ha sido una práctica regular del ser humano; sin embargo, la evolución de la civilización y los intercambios culturales que se han presentado durante años han cambiado la percepción del ser humano sobre esto. Así, en la búsqueda de fuentes proteicas sostenibles a largo plazo, el conocimiento de los insectos, en este caso los grillos, ha mostrado que su conversión en una materia prima de fácil incorporación en preparaciones tradicionales ancladas a la cultura de la alimentación de una comunidad constituye uno de los principales retos futuros.

Estos nuevos ingredientes requieren del conocimiento y la experiencia de un equipo interdisciplinar, que involucre la ciencia, la cultura y el arte culinario y que permita el diseño de productos alimentarios atractivos con características sensoriales y nutritivas que fomenten su consumo.

Referencias

[1] BADEM, A. (2024): "The Effects of Fire in Human Life and in the Cuisine from the Paleolithic to the Modern Age", *Journal of Ecohumanism*, 9, 3(6), pp. 269-293.

[2] KARMAUS, A. L. y JONES, W. (2021): "Future foods symposium on alternative proteins: Workshop proceedings", *Trends in Food Science & Technology*, 107, pp. 124-129.

[3] CASTILLA CORZO, F. *et al.* (2019): "La chicha, producto gastronómico y ritual: caso Chorro de Quevedo (Colombia) y Otavalo (Ecuador)", *Turismo y Sociedad*, 26, pp. 205-224.

[4] GASCA-ÁLVAREZ, H. J. y COSTA-NETO, E. M. (2022): "Insects as a food source for indigenous communities in Colombia: a review and research perspectives", *Journal of Insects as Food and Feed*, 8(6), pp. 593-604.

[5] VERNOT, D. (2021): *Nuevas alternativas de producción con grillos G. sigillatus. Empoderamiento, emprendimiento y reconocimiento a mujeres rurales del municipio de La Mesa, Cundinamarca (Colombia)*, Universidad de La Sabana, Ministerio de Ciencia, Tecnología e Innovación, Gobernación de Cundinamarca.

[6] CARVALHO, N. M. de; MADUREIRA, A. R, y PINTADO, M. E. (2020): "The potential of insects as food sources: a Review", *Critical Reviews in Food Science and Nutrition*, 60(21), pp. 3642-3662.

[7] HERNÁNDEZ-ÁLVAREZ, A. J. *et al.* (2021): "Drying technologies for edible insects and their derived ingredients", *Drying Technology*, 39(13), pp. 1991-2009.

[8] SOTELO-DÍAZ, L. I. *et al.* (2022): "Cricket flour in a traditional beverage (chucula): emotions and perceptions of Colombian consumers", *Journal of Insects as Food and Feed*, 8(6), pp. 659-672.

[9] FONTANETO, D. *et al.* (2011): "Differences in Fatty Acid Composition between Aquatic and Terrestrial Insects Used as Food in Human Nutrition", *Ecology of Food and Nutrition*, 50(4), pp. 351-367.

[10] FILOMENA AMBROSIO, A. *et al.* (2021): *Desde Cundinamarca. Harina de grillo: gastronomía y sostenibilidad para Colombia y el mundo*, Universidad de La Sabana, Ministerio de Ciencia, Tecnología e Innovación, Gobernación de Cundinamarca.

Eraldo Medeiros Costa-Neto, Esther Katz
y Julie Antoinette Cavignac

7. Consumo de hormigas *Atta* (Hymenoptera, Formicidae) en Brasil: tradición y patrimonio biocultural

Introducción

Entre todos los insectos consumidos en el continente americano, los que se comparten entre más regiones son las hormigas *Atta* (Hymenoptera, Formicidae), conocidas en países hispánicos como arrieras o cortaderas de hojas. Se encuentran en todas las zonas tropicales, desde el sur de Estados Unidos hasta Argentina. En casi todos los países entre México y Argentina, se consumen sus reinas, las hembras reproductoras; en la Amazonia, se comen también las obreras y las soldado.

En Brasil, las hormigas *Atta* son llamadas *formigas cortadeiras* o *saúvas* y las reinas, *tanajuras* o *içás*. Como en otros países, la tradición de consumirlas proviene de los pueblos originarios, y se extendió a diferentes grupos sociales. Cronistas y viajeros naturalistas registraron el consumo de esas hormigas entre algunos grupos indígenas a partir del siglo XVI. Actualmente, este consumo es poco visible debido a los prejuicios. Además, hay poca investigación sobre este tema. Tomando como base la bibliografía revisada y nuestras observaciones, en este capítulo brindamos información sobre el aporte biocultural que representan las hormigas *Atta* en la Región Nordeste y la Amazonia. También se ha mencionado su consumo en el sudeste, en los estados de São Paulo y Minas Gerais [1]. Posiblemente ocurre en otras regiones, pero se necesitan más investigaciones de este inmenso país.

Características de las hormigas *Atta*

Las hormigas *Atta* pertenecen a la subfamilia Myrmicinae y la tribu Attini,

Figura 7.1. Hormigas *Atta* llevando hojas al hormiguero.

que se caracteriza por su simbiosis con hongos basidiomicetos. Conocidas como cortaderas de hojas, de hecho, llevan a su hormiguero hojas, semillas y flores que transportan en largas filas (figura 7.1).

Sin embargo, no se nutren de ese material vegetal, ya que no pueden digerir la celulosa. Ellas lo maceran y lo esterilizan para luego utilizarlo como sustrato para el crecimiento de dos hongos (*Leucoagaricus* y *Leucocoprimus*), de los cuales se alimentan (figura 7.2) [2].

Las *Atta* se encuentran exclusivamente en la región neotropical. La distribución geográfica, la frecuencia y la densidad de las hormigas Attina en determinados hábitats están relacionadas con las condiciones ambientales, como el tipo de vegetación, de suelo, los sistemas de cultivo y el cambio climático, entre otros. Entre las quince especies que se encuentran en el continente, nueve se localizan en Brasil: las más comunes son *Atta laevigata*, *A. capiguara* y *A. sexdens*, que se divide en tres subespecies. *Atta laevigata* se encuentra en el cerrado (sabana arbórea), en pastos y en cultivos; el hábitat preferido de *A. bisphaerica* son los campos de caña de azúcar, al igual que para *A. capiguara*, que también tiene predilección por los pastos. Mientras *A. opacipeps* prefiere la *caatinga*, un tipo de vegetación de zonas semiáridas de la Región Nordeste [3].

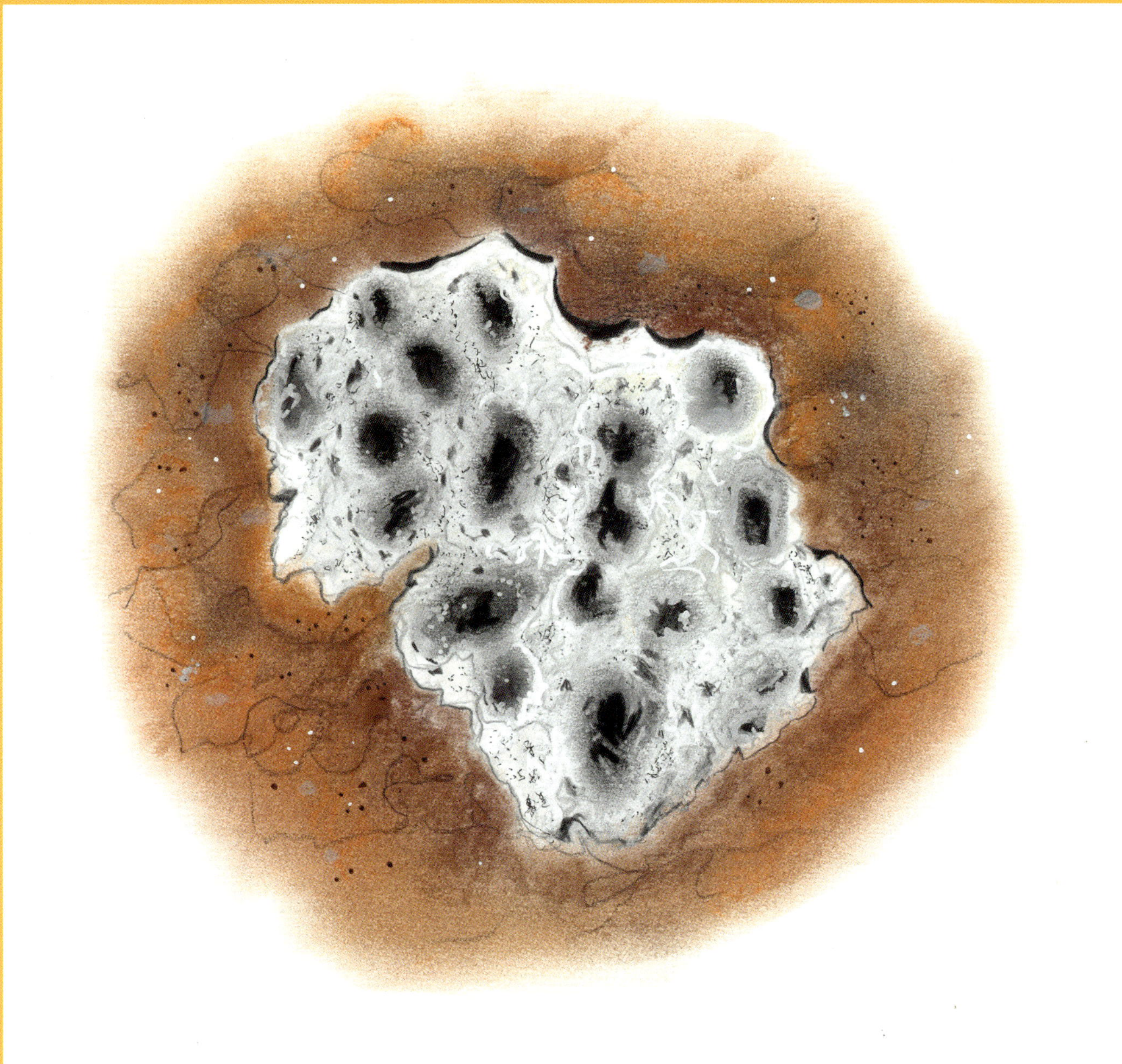

Figura 7.2. *Leucoagaricus gongylophorus*, hongo simbionte que es cuidado por las obreras más pequeñas.

Figura 7.3. Representación de un hormiguero de *Atta* en el que se aprecian distintas castas de hormigas (reproductoras, obreras medias y soldado).

En un hormiguero de *Atta*, también conocido como *sauveiro* en portugués, viven diferentes castas de hormigas y cada una tiene asignado un rol dentro de su colonia (figura 7.3). Por ejemplo, las más pequeñas, que miden solo 2 mm, nunca salen del hormiguero. Su tarea principal es cuidar del cultivo de hongos del que se alimentan. También cuidan a las crías y a la reina, que es muchísimo más grande: puede medir hasta 2,5 cm. Otras hormigas, un poco más grandes (de 5 mm), salen del hormiguero para cortar y recolectar hojas, que luego llevan adentro para alimentar al hongo. Estas hormigas están protegidas por las cabezonas o soldado, que miden 1,5 cm y defienden el nido de los enemigos.

Una colonia de la especie *Atta cephalotes* puede tener hasta cien mil hormigas. De todas ellas, casi la mitad se dedica a cuidar los cultivos, otro grupo recolecta hojas y el resto se encarga de buscar sal, que es importante para su alimentación. Estas colonias pueden vivir más de veinte años.

Aunque el *sauveiro* está bajo tierra, se puede ver desde fuera gracias a montículos de tierra suelta que forman encima. Además, tiene pequeñas aberturas que permiten que las hormigas entren y salgan, y que el aire circule. En el interior, hay muchas cámaras llamadas ollas. En hormigueros jóvenes, estas son pocas y poco profundas, pero en los más antiguos puede haber cientos, algunas a más de diez metros de profundidad. Las hormigas no paran de trabajar, incluso de noche en el caso de que se las moleste durante el día. Cada una de estas cámaras tiene una función: algunas sirven como basureros o cementerios; otras como criaderos para los huevos que pone la reina. La más importante es la cámara de cultivo, donde las hormigas colocan cuidadosamente las hojas y las fertilizan con una sustancia producida por la reina, que ayuda al crecimiento del hongo [4].

Formar un nuevo *sauveiro* no es fácil ni rápido: puede tardar más de cien días. Todo empieza con un evento llamado vuelo nupcial. Miles de hembras aladas salen volando del nido y se aparean con los machos (*bitus*), que mueren después del apareamiento. Esto suele pasar al inicio de la estación de lluvia. Las hembras fecundadas, *tanajuras* o *içás*, pierden las alas, caen al suelo y solo unas pocas logran sobrevivir. Las que lo consiguen cavan un pequeño agujero y empiezan una nueva colonia, donde llevan un pedacito de hongo en la "boca", que cultivarán en su nuevo hogar. Después de varios días sin comer, la nueva reina pone los primeros huevos. A los veinte días nacen las primeras hormigas cuidadoras y, a los tres meses, las recolectoras. Las soldado tardan casi dos años en aparecer, y los nuevos machos y hembras reproductores nacen después de tres años.

Comer *tanajuras* en la Región Nordeste

Durante los siglos XVI y XVII, la Región Nordeste, primera región colonizada de Brasil, fue escenario de conflictos por el acceso a las riquezas naturales. Presenció una colonización depredadora, basada en la exportación de materias primas, en particular el palo de Brasil. Poco después, los portugueses instauraron un modelo de explotación basado en la esclavización de las poblaciones indígenas y africanas, con el establecimiento de plantaciones de caña de azúcar. La ocupación del interior de la región, el *sertão*, con su clima semiárido, se produjo de forma más lenta pero igual de violenta que en la costa. Hubo resistencia por parte de grupos indígenas, y también de esclavizados, que encontraron refugio en estas zonas hasta entonces poco ocupadas. La ganadería, principal actividad económica hasta el siglo XIX, configuró la ocupación del territorio con el establecimiento de haciendas ganaderas, que dieron lugar a los primeros núcleos de población en la época colonial. El mestizaje forzado entre colonizadores, indígenas y africanos generó una compleja red de identidades y reelaboraciones culturales *sui generis*. Las técnicas de producción y los hábitos alimentarios fueron incorporados por los diferentes segmentos de la sociedad, especialmente los más adaptados al medio natural: la caza, la recolección, la siembra en parcelas intermitentes (yuca, frijoles, maíz), el uso de la sal, la deshidratación y la molienda para conservar los alimentos. La alimentación sintetiza esta historia y los "encuentros" culturales. Así, la formación territorial de la región aporta elementos para comprender las opciones alimentarias y contextualizar el consumo de hormigas.

En 1587, el portugués Gabriel Soares de Sousa, dueño de una hacienda de caña de azúcar cerca de la actual ciudad de Salvador de Bahía, anotó lo siguiente: "Se crean en la misma tierra otras hormigas, las cuales los indios llaman *içás* [...]. Ellos comen tostadas sobre el fuego estas hormigas y les hacen mucha fiesta. Y algunos hombres blancos que andan entre ellos, y los mestizos, las tienen por buena cena y las consideran sabrosas" [1].

Los indígenas que ocupaban la costa atlántica en aquel tiempo hablaban las lenguas tupíes, de las cuales derivan numerosos nombres de plantas, animales y alimentos que los portugueses no conocían. Tal es el caso de *saúva*, *içá* y *tanajura*, así como *bitu o sibito* (combinación de *iça* e *ibitu*, 'viento'), que designa a los machos reproductores [5]. Actualmente, el termino *tanajura* es el más empleado en la Región Nordeste.

Aunque en el siglo XVI hombres blancos y mestizos tuvieron las *tanajuras* por buena cena y las consideraban sabrosas, su consumo está actualmente estigmatizado. Los habitantes tienden a esconder o negar las prácticas que provienen del pasado indígena. Las *tanajuras* forman parte de la tradición alimentaria de la Región Nordeste, pero hoy son consideradas "comida de pobre"; así, numerosas personas niegan comerlas. Estos datos son los que encontramos en nuestras encuestas realizadas en Bahía y Río Grande de Norte [6,7]. A veces, las personas cuentan haberlas comido cuando eran niños o haber jugado a perforarlas con un palito para imitar un avión con el ruido de sus alas, pero pocos confiesan incluirlas en su dieta. Hasta la fecha, solamente encontramos unos pernambucanos orgullosos de esta práctica alimentaria. Este es el caso también en Serra de Ibiapaba, en el norte del estado de Ceará, donde la *tanajura* fue declarada patrimonio invisible del municipio de Tianguá en 2008. Ese consumo fue heredado de los tabajaras, de lengua tupí, que ocupaban esa región [8]. Reportajes sobre la colecta y el consumo de *tanajuras* en Tianguá aparecen regularmente en programas de televisión brasileños.

El consumo de *tanajuras* es discreto y excepcional, y se produce en condiciones meteorológicas y ambientales específicas: las hormigas salen de sus nidos solo una vez al año, en los periodos anteriores a la estación de lluvias o a su inicio, y tras unas horas de intenso calor. Se "cazan" durante sus vuelos nupciales, que son breves. En el norte del estado de Ceará, las primeras lluvias llegan entre diciembre y enero, mientras que en los estados de Río Grande de Norte y Pernambuco empiezan a partir de febrero, y en Bahía a partir de abril. En Buíque, Pernambuco, los habitantes dicen que las *tanajuras* salen en el intervalo entre el Carnaval y la Semana Santa. En 2024, las vimos salir en febrero, justo después del Carnaval. Las horas de salida varían según las especies. En Natal, Río Grande de Norte, los habitantes describen a las hormigas negras que realizan el vuelo nupcial a las cuatro o cinco de la tarde, cerca del anochecer, ya que la noche llega muy temprano en esa región cercana al ecuador. En Buíque, mencionan dos tipos de *tanajuras*, unas rojas y unas negras; observamos la salida de *tanajuras* rojas, posiblemente *Atta laevigata*, a mediodía. Los recolectores las agarran directamente de la boca del hormiguero y se arriesgan a ser mordidos por los "cabezones" (*cabeções*) —las soldado que defienden a las reinas y al nido (figura 7.4)—; generalmente se calzan con botas para protegerse. Donde las *tanajuras* salen al final de la tarde, las personas prefieren colectarlas debajo de las luces de las calles que las atraen, sin enfrentar a las soldado [7].

Figura 7.4. Dos personas buscando *tanajuras* en la salida del hormiguero, Buíque (Pernambuco), febrero de 2024.
Fuente: (A) Esther Katz y (B) Julie Antoinette-Cavignac.

Tanto hombres como mujeres adultos y jóvenes recolectan *tanajuras*. Algunas personas prefieren ir solas y guardar el secreto de la ubicación de sus hormigueros predilectos, pero es más común ir con amigos o parientes. Para los niños y los adolescentes, esta recolección tiene un carácter lúdico. Frecuentemente, al colectar las hormigas, cantan una canción de la cual existen diferentes variantes: "Cai, cai, tanajura, tua bunda tem gordura" ("Cae, cae, *tanajura*, tu culo tiene grasa") o "Cai, cai, tanajura, na panela da gordura" ("Cae, cae, *tanajura*, en la olla de grasa"). Esta canción, que forma parte del folclore brasileño, es ampliamente conocida, incluso por personas que ignoran actualmente que se refiere a la colecta de una hormiga comestible.

Tras su recolecta, las *tanajuras* se fríen después de quitarles las alas, las patas y la cabeza (figura 7.5). Las alas también se desprenden solas al cocerse. El punto deseado para comerlas es cuando están bien crujientes. Se comen tal cual como *tira-gosto* (botana o aperitivo), para acompañar también el consumo de alcohol, o se mezclan con *farinha* (harina) de yuca para hacer una farofa. Los habitantes de Buíque también las comen con cuscús de maíz. Con cuscús o en farofa, pueden tomarse en el desayuno, el almuerzo o la cena, o incluso a todas horas, ya que no abundan todo el tiempo. Son consideradas como un alimento fuerte, que da energía para aguantar el trabajo en el campo. De hecho, en varias regiones de Brasil, y en particular en la Región Nordeste, se clasifican los alimentos en fuertes y débiles (*fortes* y *fracos*). La carne, por ejemplo, es un alimento fuerte, y los hombres consumen más alimentos fuertes que las mujeres. Según los habitantes de Buíque y de Natal, ingerir cruda la *tanajura* negra sirve de prevención y cura las enfermedades respiratorias. Algunos bares o restaurantes proponen pequeñas porciones de *tanajuras* fritas como *tira-gosto*, a veces acompañadas de farofa, a los consumidores de cerveza o *cachaça*. Las personas que recolectan grandes cantidades, las congelan para poder comerlas a lo largo del año.

El municipio de Buíque parece tener una abundancia excepcional de hormigueros. Cuando salen las *tanajuras*, los recolectores venden sus excedentes. Pueden encontrarse en los mercados locales, donde los comerciantes de frutas y verduras las venden por litro. Al inicio las venden frescas y enteras; luego, fríen las que no se han vendido para ofrecerlas cocinadas. Los recolectores las venden a través de las redes sociales dentro de esta ciudad, hacia Recife, la capital del estado, a los bares, a los vendedores en la playa y a los consumidores originarios del interior del estado, y también hacia São Paulo, donde residen nordestinos nostálgicos de este manjar. Recientemente, el comercio se ha intensificado. En Buíque, en febrero 2024, se vendieron en 50 *reais* el litro en el mercado (aproximadamente ocho euros). En un bar de Recife, su precio alcanzaba los 150 *reais* el litro, y era aún mayor por raciones. Las *tanajuras* se venden también en el famoso mercado de la ciudad de Caruaru, cerca de Recife.

Aunque es difícil generalizar, el consumo y comercio de *tanajuras* se limita a grupos específicos, a menudo asociados a una identidad local, étnica o regional, así como a la experiencia de crecer en el campo. Esta práctica implica conocimientos relacionados con la observación del tiempo, la recolección, el comportamiento de los animales y las tradiciones culinarias del mundo rural. Tales conocimientos y prácticas constituyen un patrimonio intangible, ya que son valorados como alimentos excepcionales por quienes se enorgullecen de seguir una tradición ancestral. Sin embargo, en situaciones en las que los interlocutores se encuentran fuera de su grupo de origen, a menudo se niega su consumo, especialmente entre las generaciones más jóvenes.

Para algunos, incluso en regiones donde se valora el consumo, evocar el plato o el olor de los insectos cocinándose puede causar repulsión olfativa o visual, o incluso incredulidad, ya que algunas personas no pueden concebir la idea de comer insectos. Algunos entrevistados llegaron a sugerir que las *tanajuras* no deberían clasificarse

Figura 7.5. *Tanajuras* que se prepararán como alimento.
Fotografía: Julie Cavignac (2024).

como insectos, sino como una forma de caza, debido al entorno limpio y natural en el que viven. El consumo de *tanajuras* también puede considerarse un alimento afectivo, del que disfrutan los emigrantes que expresan su nostalgia por la falta de este alimento, que les recuerda sus regiones de origen. En la Región Nordeste, el consumo de *tanajura* forma parte de las tradiciones culinarias de poblaciones indígenas, grupos familiares de origen campesino o incluso tiende a tener un carácter identitario como en Pernambuco: comer *tanajura* es compartir una historia y reavivar lazos de pertenencia.

Dieta amazónica: yuca, pimiento y *tanajuras*

Aunque se exploraron unos ríos mayores de la Amazonia en el siglo XVI, la colonización de esa inmensa región fue mucho más tardía que la Región Nordeste, incluso ciertas zonas entre los ríos fueron colonizadas hasta la mitad del siglo XX. Los pueblos indígenas de esa región, cuyo contacto con el resto de la sociedad brasileña es más reciente, han conservado mejor sus hábitos alimentarios y expresan menos vergüenza con relación al consumo de insectos.

Figura 7.6 Quinhapira, un plato típico de la Amazonia. Caldo de pescado en el que se colocan termitas u hormigas.
Fotografía: Esther Katz (2024).

Hasta el inicio del siglo XIX, Brasil comerciaba únicamente con el resto del imperio portugués. En ese periodo, se abrió al resto del mundo. Naturalistas europeos llegaron a estudiar ese fascinante mundo tropical, algunos de ellos llegaron hasta la Amazonia. El inglés Alfred Wallace, que viajó a lo largo del río Amazonas y del río Negro, dedicó un artículo entero al consumo de insectos [1]. Él describió que cuando las hembras aladas de las *saúvas* salen de sus hoyos, hombres, mujeres y niños, todo excitados, las agarran y llenan canastas y calabazas (*Lagenaria siceraria*). La parte comestible de esas hormigas es el abdomen, muy rico y grasoso debido a la masa de huevecillos. Se les quitan las alas y las patas, se las agarra por la cabeza y se comen vivas. También se las guardan en canastas y calabazas que cierran con hojas, y luego se comen con harina de yuca. Cuando recolectan una gran cantidad, las tuestan o las ahúman, con un poco de sal, lo que agrada a los europeos.

Trabajos de biólogos o etnobiólogos publicados en las últimas décadas [1,9] tratan principalmente del consumo de hormigas entre pueblos del Amazonas (los satéré-mawé, de lengua tupí-guaraní, del medio Amazonas, y los tikuna, del río Solimões o alto Amazonas) y del río Negro (los tariano, de lengua arawak, y los tukano, desana, tuyuka y wanano, de lengua tukano oriental). Esos últimos pueblos se encuentran también del otro lado de la frontera, en el Vaupés colombiano, donde el consumo de insectos fue igualmente estudiado. También se mencionan los enanewé-nawé, de lengua arawak, que viven en el sur del estado de Mato Grosso, y tienen la particularidad de no comer otros animales, solamente consumen insectos y pescados. Esos trabajos se refieren a *Atta cephalotes* y *A. sexdens*, y describen que los indígenas comen las hormigas asadas, con casabe o harina de yuca. Los tariano las ahúman y los satéré-mawé hacen una pasta de hormigas y termitas asadas envuelta en hojas de plátano.

La dieta de los pueblos indígenas del norte de Amazonia (arawak, carib, tukano) está basada en la yuca amarga y el pescado. Uno de sus platillos más comunes es un caldo de pimientos picantes con pescado, llamado quinhapira en el río Negro y damorida en el estado de Roraima, que se come con casabe (figura 7.6). Frecuentemente está condimentado por el tucupi, el líquido venenoso extraído de la yuca amarga, detoxificado por varias horas de cocción [10]. Según lo que observamos o que nos fue reportado, el pescado puede ser reemplazado por termitas (*maniuara*) o *saúvas*, hormigas soldado (*Atta*), y en Roraima, por *tanajuras*. A veces las personas los describen todos como hormigas. Unos pueblos carib de Roraima preparan una mezcla a base de tucupi concentrado, pimiento y termitas, *saúvas*, o *tanajuras*, que se puede agregar a la damorida. Del otro lado de la frontera, en la Gran Sabana de Venezuela, esta mezcla es conocida como catara. Esos mismos pueblos también tuestan las *tanajuras* y las comen tal cual, con *farinha* de yuca, con *chibé* (agua con una *farinha* gruesa) o a veces en farofa.

Consideraciones finales

El consumo de *tanajuras* en la Región Nordeste y en la Amazonia brasileña se integra con el conocimiento ecológico y climático local, el comportamiento de los insectos y la cultura alimentaria indígena como alimento de excepción y excelencia. Sin embargo, se asocia también con la imagen negativa del indígena que se ha transmitido desde el pasado colonial. En la Región Nordeste, esto explica porque algunas poblaciones rechazan el consumo de estos insectos.

Podemos pensar que el hábito alimentario, aunque invisibilizado, se ha mantenido en los lugares donde los insectos aparecen en mayor proporción, pero también en las regiones donde la cultura indígena sigue siendo fuerte. Por lo tanto, se necesitan más investigaciones para realizar estudios comparativos.

Referencias

[1] Costa Neto, E. M. y Ramos-Elorduy, J. (2006): "Los insectos comestibles de Brasil: etnicidad, diversidad e importancia en la alimentación", *Boletín de la Sociedad Entomológica Aragonesa*, 38, pp. 423-442.

[2] Passera, L. y Aron, S. (2005): *Les fourmis: comportement, organisation sociale et évolution*, NRC Research Press, Ottawa.

[3] Forti, L. C. *et al.* (2020): "Occurrence of leaf-cutting and grass-cutting ants of the genus *Atta* (Hymenoptera, Formicidae) in geographic regions of Brazil", *Sociobiology*, 67, pp. 514-525.

[4] Dieguez, F. y Paparounis, D. (1993): "Formigas: gênios trabalhando", *Super Interessante*, 4, pp. 18-23.

[5] Ferreira, A. B. H. (1986): *Novo dicionário da língua portuguesa*, Nova Fronteira, Río de Janeiro.

[6] Costa Neto, E. M. y Rodrigues, R. M. F. R. (2005): "As formigas (Insecta, Hymenoptera) na concepção dos moradores de Pedra Branca, Santa Terezinha, estado da Bahia, Brasil", *Boletín de la Sociedad Entomológica Aragonesa*, 37, pp. 353-364.

[7] Cavignac, J.; Katz, E. y Moreira, C. (2025): "'Comida de fome' ou iguaria? O consumo de tanajuras no Nordeste do Brasil", *Revista de Estudos e Pesquisas sobre as Américas (REPAM)*.

[8] Azevedo, D. A. (2014): *A tanajura em Tianguá: o patrimônio imaterial como possibilidade para o ensino de história local*, monografia, Centro de Educação, Universidade Estadual do Ceará, Fortaleza.

[9] Posey, D. A. (1986): "Etnoentomologia de tribos indígenas da Amazônia", en B. G. Ribeiro (ed.), *Suma etnológica brasileira, vol. 1 Etnobiologia*, Vozes/FINEP, Petrópolis, pp. 251-271.

[10] Katz, E. (2021): "Biodiversidade e alimentação", en C. da Cunha *et al.* (eds.), *Povos tradicionais e biodiversidade no Brasil, vol. II*, Sociedade Brasileira para o Progresso da Ciência, São Paulo, pp. 162-205.

Juanita Trejos Suárez

8. *Atta laevigata*: nutrición, cultura y biodiversidad de la hormiga culona en Santander, Colombia

Introducción

En las laderas cálidas del nororiente colombiano, entre valles interandinos y suelos secos cubiertos de arbustos, habita un insecto que ha acompañado por siglos a las comunidades humanas de la región: la hormiga culona (*Atta laevigata*). Su nombre popular —presente en la memoria oral y en las plazas de mercado— alude al abdomen prominente de las hembras aladas, recolectadas tradicionalmente durante su vuelo nupcial. Desde tiempos prehispánicos, esta especie ha sido integrada en la dieta, los rituales y las representaciones simbólicas del pueblo Guane, constituyéndose en un elemento central del patrimonio biocultural del departamento de Santander (figura 8.1).

Esta relación no se limita al contexto colombiano, ya que en diversos países de América del Sur la especie ha sido recolectada tradicionalmente como alimento estacional y, en algunos casos, ha adquirido connotaciones simbólicas asociadas a la fertilidad, la resiliencia o la identidad territorial. La variedad de denominaciones que recibe en estas regiones evidencia tanto su amplia distribución como la riqueza de significados culturales que se le atribuyen en los ecosistemas donde está presente.

Sin embargo, en la actualidad, esta tradición enfrenta tensiones que amenazan su continuidad. La sobreexplotación estacional, la pérdida de hábitat, la urbanización creciente y el desconocimiento de su ciclo de vida han

Figura 8.1. Hembra alada
de *Atta laevigata*.

debilitado las prácticas de manejo tradicional. A pesar de su importancia cultural y ecológica, *A. laevigata* es percibida en algunos entornos como plaga, lo que ha generado conflictos entre su valorización simbólica y su erradicación sistemática en zonas agrícolas.

Este capítulo propone una revisión integral de los múltiples aspectos que hacen de *A. laevigata* una especie clave para pensar la intersección entre biodiversidad, cultura y alimentación. A partir de un enfoque multidisciplinario, se exploran su distribución ecológica, sus vínculos históricos con las poblaciones humanas, sus propiedades nutricionales y su proyección como recurso estratégico en el marco de una bioeconomía basada en el conocimiento y la sostenibilidad. Desde Santander, Colombia, se ofrece así una mirada situada sobre una especie que, más que un insecto, representa un legado compartido.

Distribución biogeográfica y ecología de *A. laevigata*

A. laevigata es una de las especies de hormigas cortadoras de hojas más ampliamente distribuidas en Sudamérica. Su presencia se extiende desde el norte de Venezuela hasta el sur de Brasil y Paraguay, con registros también en Bolivia, las Guayanas y Surinam. En Colombia, habita principalmente en zonas de clima cálido y estacionalmente seco, siendo particularmente abundante en los departamentos de Santander, Boyacá, Tolima y Meta, donde ha adquirido una relevancia cultural y alimentaria singular (figura 8.2) [1-3].

Esta importancia cultural se refleja en los múltiples nombres populares que recibe la especie a lo largo del continente. En Colombia se la conoce como hormiga culona; en Venezuela, bachaco culón; en Brasil, *tanajura* o *içá*; en Bolivia, siqui culón y en Paraguay, culona o hormiga reina. Estas denominaciones no solo hacen referencia a la morfología de las hembras aladas —caracterizadas por su abdomen voluminoso y su tamaño excepcional—, sino también a su integración en las prácticas culinarias locales y en los sistemas de conocimiento tradicional [4,5]. En países como Brasil y Bolivia, por ejemplo, también se recolectan durante el vuelo nupcial y se consumen fritas o asadas en festividades comunitarias. Esta práctica muestra como distintas culturas de Sudamérica comparten formas similares de relacionarse con la naturaleza y aprovechar sus recursos, lo que se conoce como un patrón etnobiológico.

La especie pertenece al género *Atta*, que agrupa alrededor de quince especies de hormigas neotropicales con un avanzado sistema de agricultura simbiótica. Aunque en Colombia coexiste con otras especies del mismo género —como *A. cephalotes*, *A. sexdens* y *A. colombica*—, *A. laevigata* es la única recolectada de forma sistemática para el consumo humano en Santander [4].

El ciclo de vida de *A. laevigata* se inicia con el vuelo nupcial, un evento reproductivo masivo que tiene lugar entre marzo y mayo, al comienzo de la primera temporada de lluvias. Durante este periodo, hembras aladas y machos emergen simultáneamente de sus nidos para copular en el aire. Las hembras fecundadas pierden sus alas y buscan condiciones adecuadas de humedad, temperatura y estructura del suelo para fundar nuevas colonias [6]. Este momento es aprovechado tradicionalmente por las comunidades locales para recolectar a las hembras aladas, lo cual ha generado tensiones en términos de sostenibilidad al interrumpir el ciclo reproductivo natural.

Las colonias maduras de *A. laevigata* presentan una organización jerárquica y polimórfica. Se conforman por distintas castas de individuos que varían en tamaño, morfología y función. Las obreras más pequeñas —llamadas minúsculas o nanas— permanecen en el interior del nido, donde cuidan del hongo simbionte (*Leucoagaricus gongylophorus*) y de las crías. Las obreras medias y mayores se encargan del corte y transporte de material vegetal, así como del mantenimiento de las galerías subterráneas. Las soldado, con

Figura. 8.2. Distribución geográfica de *Atta laevigata* en América del Sur y Colombia. En América del Sur se resalta en verde los países de donde se han documentado poblaciones de esta hormiga. En el mapa de Colombia se destaca el departamento de Santander, principal área de recolección tradicional. Los puntos indican registros de observación geográfica.

Fuente: Adaptado a partir de datos disponibles en AntWeb y AntWiki, con énfasis en registros de observación geográfica [3].

Figura 8.3. Castas de la colonia de *Atta laevigata*.
La imagen muestra la polimorfía de una colonia madura, desde las obreras más pequeñas hasta la hembra alada reproductora.

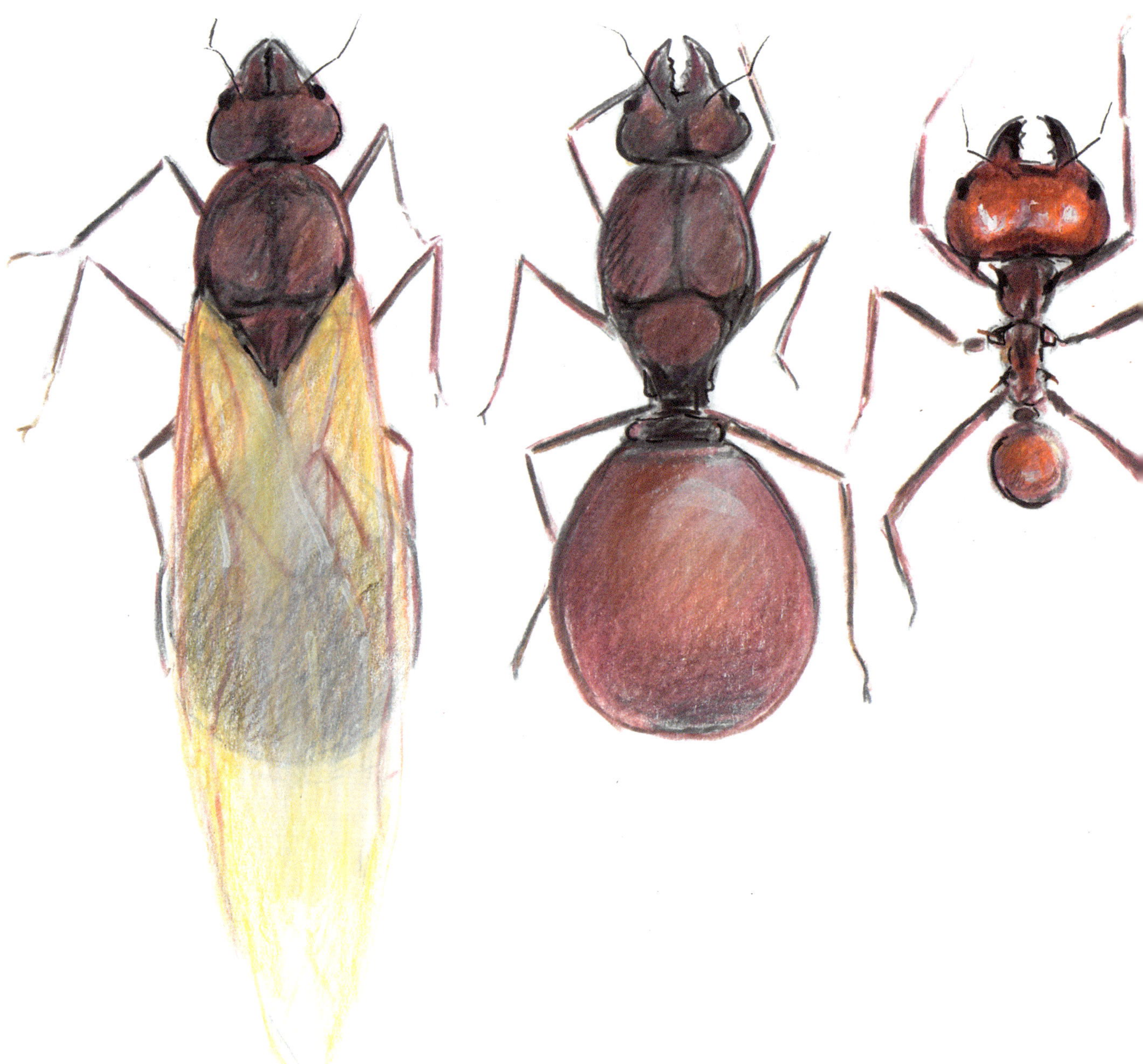

mandíbulas desarrolladas, cumplen funciones de defensa. Por su parte, las hembras aladas reproductoras, significativamente más grandes, son responsables de la expansión de la colonia (figuras 8.3 y 8.4) [2,7].

Esta estructura permite sostener una de las formas más avanzadas de agricultura mutualista registradas en insectos. El hongo simbionte cultivado por la colonia no solo es su principal fuente alimentaria, sino que requiere un control ambiental estricto en cuanto a temperatura, humedad y calidad del sustrato vegetal. Esta interacción mutualista ha sido objeto de estudio por su complejidad evolutiva y su eficiencia ecológica [7].

Además, *A. laevigata* desempeña un papel clave como ingeniera del ecosistema. Sus nidos subterráneos, que pueden alcanzar hasta 500 m^3 y 15 m de profundidad, modifican la estructura del suelo, favorecen la aireación, el drenaje y la recirculación de nutrientes. Sin embargo, estas mismas modificaciones son percibidas negativamente en contextos agrícolas o urbanos, donde la especie es erradicada por afectar cultivos o infraestructuras [2]. En muchas regiones de Colombia, esta especie se considera una plaga, lo que ha impedido que se avance en esquemas de manejo poblacional o conservación. A diferencia de otras especies silvestres utilizadas con fines alimentarios, *A. laevigata* no ha sido evaluada por la Lista Roja de la Unión Internacional para la Conservación de la Naturaleza (UICN), un sistema global que clasifica el riesgo de extinción de miles de especies en todo el mundo. Esta lista es una herramienta clave para orientar políticas de conservación y priorizar acciones de protección. La ausencia de *A. laevigata* en esta evaluación, así como en planes de manejo ambiental, representa un vacío crítico en su protección, especialmente considerando su importancia ecológica y cultural en diversas regiones.

Por su doble relevancia ecológica y cultural, *A. laevigata* se perfila no solo como especie clave en los ecosistemas neotropicales, sino también como recurso estratégico para el desarrollo de modelos de bioeconomía sustentada en la biodiversidad y en los saberes tradicionales de las comunidades locales.

Cultura Guane y vínculos ancestrales: la hormiga culona en las nupcias

Antes de convertirse en icono gastronómico y producto comercializado en ferias, mercados y festivales regionales, *A. laevigata* ya ocupaba un lugar central en la cosmovisión y prácticas socioculturales del pueblo Guane, habitantes originarios del nororiente andino colombiano. Para esta cultura prehispánica, la recolección de las hembras *copricó* —nombre en lengua

A

Figura 8.4. (A y B) Observaciones de *Atta Laevigata* en un esteromicroscopio.
Fotografía: Juanita Trejos Suárez.

Guane, que hace referencia a las reinas aladas durante su vuelo nupcial— no era solo una actividad alimentaria, sino un acto cargado de significados asociados a la fertilidad, la abundancia y la continuidad de la vida [7].

Los registros arqueológicos y las reconstrucciones etnohistóricas sugieren que los Guane integraban el consumo de estas hormigas en rituales agrícolas y nupciales. El abdomen prominente y cargado de reservas lipídicas de las hembras reproductoras fue interpretado simbólicamente como una representación de la fertilidad femenina y la fuerza vital. Esta asociación se reforzaba por el carácter cíclico y sincrónico de su emergencia con las primeras lluvias del año, momento en que los campos reverdecen y las comunidades reinician sus ciclos agrícolas [8].

Durante el vuelo nupcial, las hembras aladas copulan en el aire con múltiples machos y almacenan el esperma en una estructura especializada llamada espermateca, lo que les permite fundar una colonia y mantenerla fértil durante toda su vida, que en condiciones óptimas puede superar los 15 años. Este proceso reproductivo fue observado y valorado por los Guane, quienes reconocían en la hembra fecundada no solo un alimento denso en energía, sino también un símbolo de renovación, protección y fuerza generadora [6,9].

Estas concepciones propiciaron que la hormiga culona fuera consumida durante ceremonias de matrimonio o celebraciones comunitarias, donde se le atribuían propiedades afrodisíacas y protectoras. Su inclusión en la dieta nupcial no era fortuita: respondía a una lógica cultural donde el alimento estaba cargado de sentido. En este contexto, la entomofagia no era una estrategia de supervivencia, sino una práctica simbólica profundamente arraigada.

Aunque esta carga simbólica ha sido particularmente significativa en el caso del pueblo Guane, no se trata de un fenómeno exclusivo de Colombia. En Brasil, Bolivia, Venezuela y Paraguay también existen registros de consumo estacional de hembras aladas de especies del género *Atta*, integradas en rituales y celebraciones, aunque con niveles variables de intensidad simbólica y gastronómica. Esta coincidencia evidencia una dimensión panamazónica de la relación entre comunidades humanas y hormigas comestibles basada en la observación ecológica y la construcción cultural del alimento.

Durante la colonia y la república, estas tradiciones no desaparecieron por completo, aunque perdieron parte de su carga ritual. La práctica se transformó progresivamente en una costumbre campesina y popular, que conservó elementos esenciales como la estacionalidad de la recolección, la preparación artesanal y el reconocimiento de su valor nutricional [7]. En la actualidad, en municipios como Barichara, Curití, San Gil o Socorro, es común observar la recolección durante las primeras horas de la mañana, cuando las hembras aladas emergen del suelo y pueden ser capturadas fácilmente.

Este tipo de prácticas constituye un caso ejemplar de etnoentomofagia: el consumo de insectos enmarcado en sistemas de conocimiento locales, con significados que trascienden lo biológico. La permanencia de esta tradición desde tiempos prehispánicos convierte a *A. laevigata* en una de las especies comestibles con mayor continuidad cultural documentada en Colombia.

Sin embargo, la progresiva desconexión entre las generaciones jóvenes y los referentes culturales asociados a esta práctica ha generado preocupación entre investigadores, líderes comunitarios y gestores culturales. La presión del mercado, el desarraigo rural y el desconocimiento del trasfondo simbólico están debilitando los mecanismos de transmisión intergeneracional. Por este motivo, rescatar el valor ritual y cultural de la hormiga culona no constituye una idealización del pasado, sino una estrategia contemporánea de conservación del patrimonio biocultural de esta región.

Patrimonio vivo: tradición, transmisión y permanencia cultural

En el contexto santandereano, la hormiga culona ha evolucionado de alimento tradicional a emblema identitario, cuya presencia trasciende lo culinario. Su figura y su significado histórico han sido apropiados por diversas expresiones culturales, posicionándola como un referente del patrimonio vivo del nororiente colombiano.

La declaratoria de *A. laevigata* como insecto emblemático del departamento de Santander, mediante la Ordenanza 019 del 6 de mayo de 2015 [10], constituye un hito en la institucionalización de su valor biocultural. Esta norma no solo reconoce su importancia en la historia alimentaria de la región, sino que también la proyecta como símbolo de sostenibilidad, biodiversidad y memoria colectiva.

Desde entonces, su imagen ha sido ampliamente utilizada en estrategias de identidad territorial. Se la encuentra en logotipos institucionales, campañas de turismo, carteles culturales, empaques de productos locales, obras de arte urbano y piezas artesanales. En arquitectura y diseño gráfico, su silueta ha sido reinterpretada como icono visual que comunica el arraigo con el territorio y el reconocimiento de saberes ancestrales (figura 8.5).

El uso estético de la hormiga culona también refleja valores simbólicos profundos como elementos que siguen vigentes en la construcción del imaginario colectivo regional. En contextos artísticos, se ha representado como metáfora de trabajo colaborativo, resistencia ecológica y riqueza del subsuelo. Estas lecturas contemporáneas han permitido resignificarla más allá de su función alimentaria, anclándola como figura simbólica en la narrativa territorial de Santander.

No obstante, esta expansión de su imagen como marca comercial —particularmente en el sector turístico y gastronómico— ha generado discusiones sobre la trivialización de su significado original y la necesidad de proteger la integridad ecológica de la especie. El uso extensivo de su iconografía, aunque eficaz para el posicionamiento regional, ha ocurrido en muchos casos sin una mediación crítica ni una estrategia educativa estructurada. A pesar de su relevancia biocultural, *A. laevigata* no ha sido aún incorporada de manera formal en los programas escolares ni se cuenta con iniciativas pedagógicas que promuevan su estudio desde perspectivas etnobiológicas (que exploran el modo en que las culturas se relacionan con la naturaleza) o ecológicas (que analizan cómo los seres vivos interactúan con su entorno).

Esta ausencia de articulación educativa limita su potencial como herramienta de sensibilización en torno a la biodiversidad, el patrimonio intangible y los modelos sostenibles de alimentación. Incorporar su historia y simbolismo en propuestas curriculares o estrategias de divulgación científica permitiría conectar generaciones y fortalecer la memoria ecológica de la región.

Alimentación funcional e innovación bioeconómica: de la tradición a la frontera científica

El interés creciente por *A. laevigata* como producto alimentario sostenible ha motivado múltiples investigaciones académicas enfocadas en caracterizar su composición nutricional. Particularmente, las hembras aladas constituyen un recurso con alto valor nutricional. Su perfil bioquímico destaca por un contenido lipídico que puede alcanzar hasta el 40% de su masa corporal, con predominio de ácidos grasos insaturados —como el oleico y el linoleico— asociados a beneficios cardiovasculares y metabólicos [11-13]. Además, aportan proteínas completas con todos los aminoácidos esenciales, así como minerales clave como hierro, zinc y magnesio. Estos hallazgos refuerzan su potencial como ingrediente funcional en dietas diversificadas y como estrategia alimentaria en comunidades con riesgo

Figura. 8.5. Escultura de la hormiga culona. Obra escultórica en homenaje a *Atta laevigata*, elaborada por el maestro Juan José Cobos. Ubicada en el parque Bosque Lagos del Cacique, Bucaramanga (Colombia).
Fotografía: Juanita Trejos-Suárez.

Análisis proximal (g/100g)	
Proteína	22,5
Grasa total Insaturadas	20,45 75–80 % del total graso
Fibra cruda	12–13
Humedad	40,42
Cenizas	1,01
Minerales (mg/100g)	
Hierro (Fe)	80
Magnesio (Mg)	190
Calcio (Ca)	210
Potasio (K)	710
Cobalto (Co)	0,03
Ácidos grasos (mg/100 mg)	
Mirístico (C14:0)	0,040
Palmítico (C16:0)	6,5
Palmitoleico (C16:1)	0,070
Esteárico (C18:0)	2,71
Oleico (C18:1)	19,3
Araquídico (C20:0)	0,010

Tabla 8.1 Composición nutricional de hembras aladas de *Atta laevigata*
Fuente: Modificado de Rueda Parra (2004) [11], Beltrán Rangel (2011) [12], Conde, Correa y Guzmán (2023) [13].

de inseguridad nutricional. La tabla 8.1 presenta una síntesis de los principales parámetros nutricionales documentados para esta especie.

Además de sus cualidades nutricionales, *A. laevigata* representa una fuente prometedora de biocompuestos funcionales. Diversos estudios han documentado la producción de secreciones antimicrobianas por parte de las glándulas metapleurales, las cuales protegen tanto a las obreras como al hongo simbionte del ataque de patógenos. Estas secreciones han demostrado actividad frente a bacterias, parásitos y levaduras, lo cual ha despertado interés en su posible aplicación en biotecnología alimentaria y farmacéutica como conservantes naturales o agentes antimicrobi,anos [13,14].

Este doble valor (nutricional y bioactivo) ha impulsado su inclusión en la gastronomía contemporánea (figura 8.6), donde se ha diversificado su uso más allá de la forma tradicional tostada y salada. Actualmente, se ha integrado en preparaciones tanto dulces como saladas tales como bombones de chocolate, galletas artesanales, arepas enriquecidas, salsas, bebidas fermentadas y productos de tipo *snack*, explorando un equilibrio entre innovación culinaria y autenticidad cultural.

Sin embargo, la consolidación de *A. laevigata* como producto alimentario innovador enfrenta desafíos relevantes. Por un lado, su aprovechamiento sigue siendo estacional y artesanal, lo que dificulta su inserción en cadenas de valor estructuradas. Por otro, persisten vacíos normativos respecto a su regulación sanitaria, estandarización de procesamiento y etiquetado, especialmente en lo relacionado con su comercialización a gran escala. Colombia carece, hasta la fecha, de una normativa específica sobre insectos comestibles, lo que restringe la formalización de productos derivados y limita su potencial como alimento funcional exportable.

A ello se suma la percepción ambivalente que existe sobre la especie. Mientras algunas comunidades valoran

Figura 8.6. Hormigas culonas fritas.
Fotografía: José María Hernández.

su aprovechamiento como parte del patrimonio biocultural, sectores agrícolas la consideran una plaga debido al daño que puede causar en cultivos de yuca, caña o maíz. Esta doble visión ha obstaculizado la formulación de estrategias de manejo sostenible o programas de conservación que reconozcan simultáneamente su valor ecológico, alimentario y cultural.

En el ámbito de la investigación emergente, *A. laevigata* ha empezado a ser objeto de estudios en genómica funcional, bioprospección de lípidos y análisis proteómicos, con el objetivo de identificar rutas metabólicas de interés industrial y biomédico. Estos trabajos preliminares abren posibilidades para entender mejor su fisiología, mejorar su aprovechamiento y fomentar una bioeconomía basada en el conocimiento, sin perder de vista los saberes tradicionales de las comunidades que la recolectan y consumen.

Referencias

[1] RODRÍGUEZ, A. (2019): "*Atta laevigata*: una de las hormigas cortadoras de hojas más común", *Mis Animales*, https://n9.cl/ixvbq.

[2] VERGARA CASTRILLÓN, J. C. (2005): "Biología, manejo y control de la hormiga arriera", Secretaría de Agricultura y Pesca del Valle del Cauca, Santiago de Cali, p. 20.

[3] GUÉNARD, B. y ECONOMO, E. (2025): "Global ant biodiversity informatics", https://antmaps.org/.

[4] FERNÁNDEZ, F.; CASTRO-HUERTAS, V. y SERNA, F. (2015): *Hormigas cortadoras de hojas de Colombia: Acromyrmex & Atta (Hymenoptera: Formicidae)*, Universidad Nacional de Colombia, Bogotá, p. 354.

[5] ZANUNCIO, A. J. V. *et al.* (2010): "Occurrence of Atta laevigata (Hymenoptera: Formicidae) in the South of Espírito Santo State, Brazil: recently introduced or endangered species?", *Sociobiology*, 56, pp. 559-564.

[6] AGUILERA, O.; KATZ, E. y CÉSARD, N. (2024): "Las hormigas culonas: entre patrimonio biocultural y plaga (Santander, Colombia)", *Naturaleza y Sociedad Desafíos Medioambientales*, 8, pp. 104-25.

[7] FORERO BERNAL, L. A. *et al.* (2023): *La hormiga culona, historia y tradición*, Administración Municipal de San Gil, Instituto Municipal de Cultura y Turismo, https://n9.cl/xwelah.

[8] ORTIZ, H. S. (2021): "Hormigas culonas y los secretos de una especie que podría desaparecer", Radio Nacional de Colombia, https://n9.cl/x0an4.

[9] MARTÍNEZ, A. G. (2011): El Guane: "Las 'culonas' también son historia", *El Guane*, https://n9.cl/2bmzp.

[10] GOBERNACIÓN DE SANTANDER (2015): Ordenanza 19 de 6 de mayo de 2015, Asamblea Departamental De Santander, p. 3.

[11] BELTRÁN RANGEL, J. S. (2019): "Caracterización nutricional de las especies de hormiga culona (*Atta laevigata*) el gusano mojojoy (*Ancognatha scarabaeoides*) y la de grillo común (*Acheta domestica*), en el departamento de Santander, para su implementación en preparaciones gastronómicas", https://n9.cl/xbbx86.

[12] RUEDA PARRA, E. D. (2004): *Extracción y análisis de ácidos grasos presentes en la hormiga culona (Atta laevigata)*, Universidad Industrial de Santander, Bucaramanga, https://n9.cl/s2wks.

[13] GRANADOS CONDE, C.; GRANADOS LLAMA, E. y LEÓN MÉNDEZ, G. (2023): "Propiedades nutricionales de la hormiga santandereana (*Atta laevigata*)", *Revista Alimentech-Ciencia y Tecnología Alimentaria*, 21(1), https://n9.cl/aqlps.

[14] TREJOS-SUÁREZ, J. *et al.* (2020): "Identificación y estudio de la actividad antimicrobiana de un péptido antimicrobiano de *Atta laevigata* (hormiga santandereana)", https://n9.cl/lw7akd.

Enrique Baquero Martín, Andrea Aquino Blanco
y Nerea Martín Calvo

9. Valor de los insectos comestibles en entornos de pobreza

La seguridad alimentaria es un desafío global, particularmente en entornos de pobreza, donde el acceso a una dieta equilibrada y nutritiva es limitado. La malnutrición, en sus distintas formas, sigue siendo una de las principales causas de morbilidad y mortalidad en países con bajos recursos económicos, afectando de manera prevalente a los niños y mujeres embarazadas. A pesar de los esfuerzos para mitigarla, millones de personas en el mundo continúan sufriendo deficiencias nutricionales, las cuales perpetúan el ciclo de la pobreza y limitan el desarrollo humano y social [1].

En este contexto, los insectos comestibles emergen como una alternativa viable y sostenible para mejorar la nutrición en comunidades vulnerables. Su alto contenido en proteínas de calidad, ácidos grasos esenciales, vitaminas y minerales, junto con su bajo impacto ambiental y facilidad de producción, los convierte en una fuente nutricional con gran potencial en la lucha contra la inseguridad alimentaria. En muchas regiones del mundo, especialmente en África, Asia y América Latina, los insectos forman parte de la dieta tradicional, pero en otras regiones, su consumo aún enfrenta barreras culturales y regulatorias [2].

Este capítulo explora el valor nutricional de los insectos comestibles y su posible contribución a la reducción de la malnutrición en entornos de pobreza.

Malnutrición y carencias nutricionales en entornos de pobreza

La inseguridad alimentaria y la malnutrición son desafíos críticos

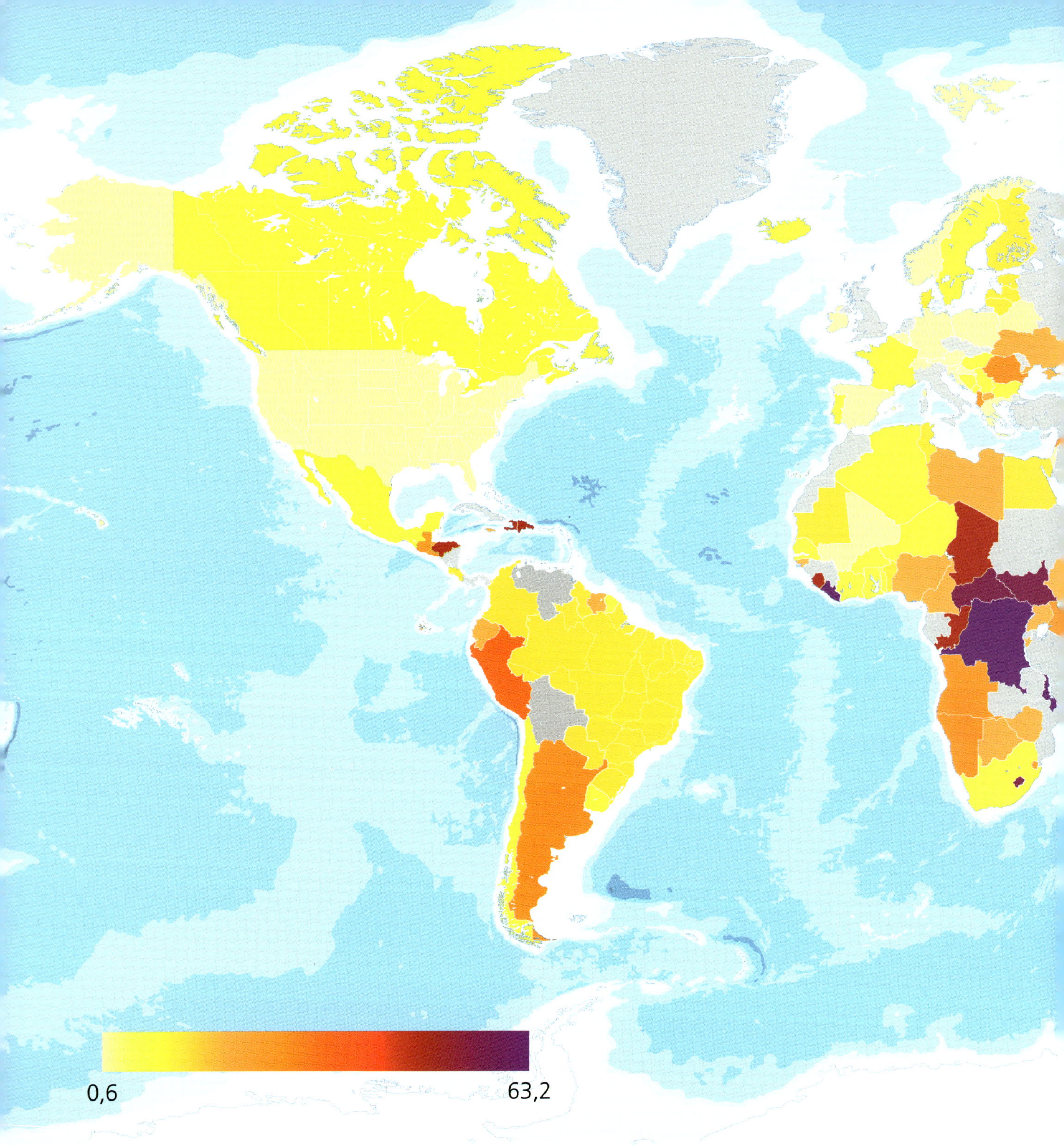
0,6
63,2

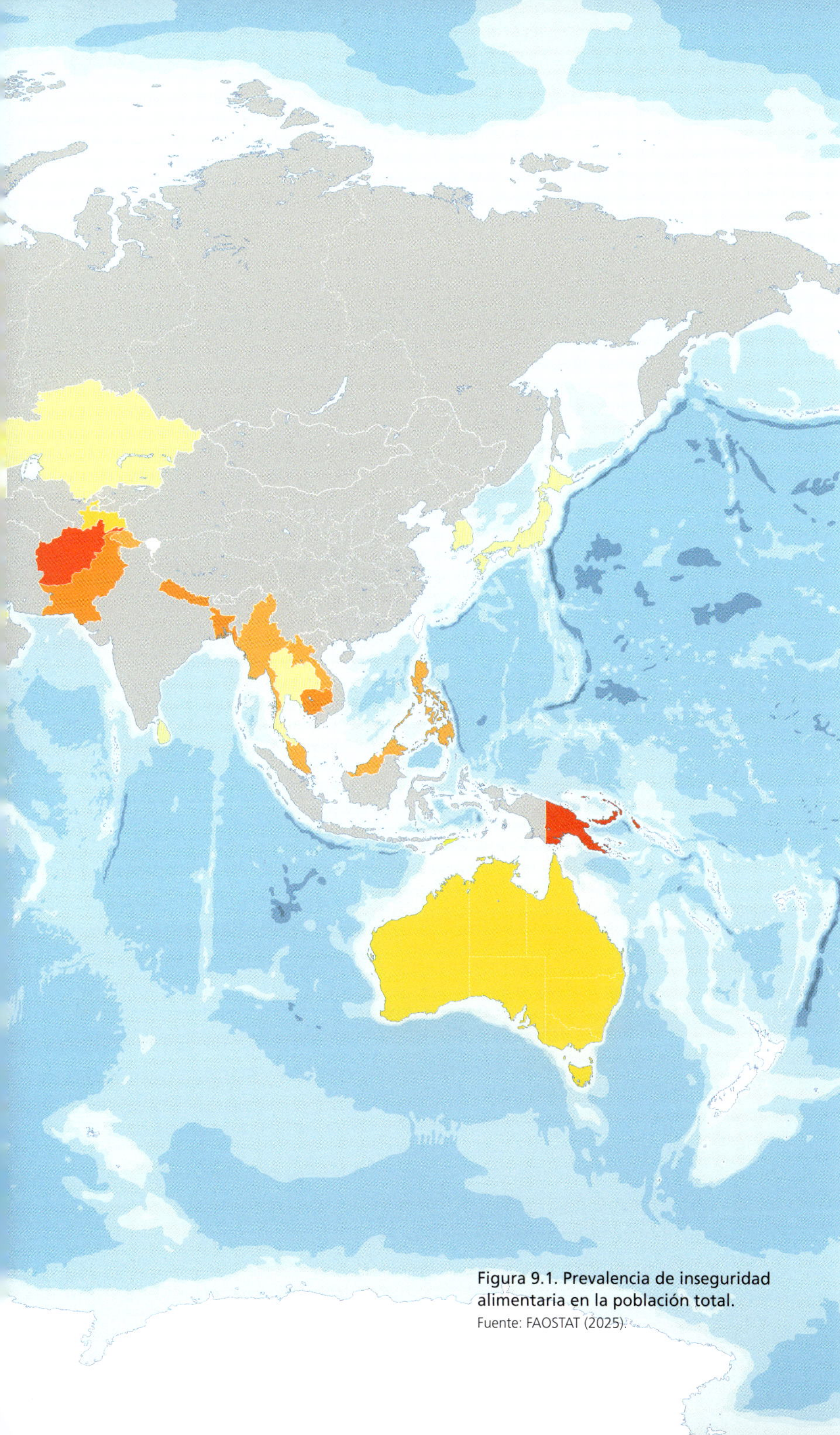
Figura 9.1. Prevalencia de inseguridad alimentaria en la población total.
Fuente: FAOSTAT (2025).

en entornos de pobreza a nivel mundial. Según el informe *El estado de la seguridad alimentaria y la nutrición en el mundo*, de 2022, publicado por la Organización de las Naciones Unidas para la Alimentación y la Agricultura (FAO), se estima que entre 702 y 828 millones de personas padecieron hambre en 2021, un incremento de aproximadamente 150 millones desde el inicio de la pandemia de COVID-19 (figura 9.1). Este aumento se atribuye a factores como conflictos sociopolíticos, crisis económicas y climáticas, que afectan desproporcionadamente a las comunidades vulnerables. Además, el informe destaca que cerca de 3.100 millones de personas no pueden permitirse una dieta saludable, lo que agrava la malnutrición y perpetúa el ciclo de pobreza [3].

Relación entre malnutrición y pobreza

Existe una íntima relación entre la malnutrición y la pobreza. De hecho, algunos autores defienden que existe entre ambas una retroalimentación mutua: la pobreza genera condiciones inestables y desfavorables que agravan el problema de la malnutrición y, a su vez, la malnutrición limita las capacidades físicas y cognitivas de las personas, cronificando el problema de la pobreza [1].

Clásicamente, el término malnutrición aplicado a los países en vías de desarrollo hacía referencia a la desnutrición calórico-proteica. En la actualidad, el término malnutrición tiene un significado más amplio, ya que en esos países coexisten casos de emaciación o adelgazamiento con casos de sobrepeso-obesidad. Esto último es debido a que la pobreza impone restricciones económicas que llevan a las personas a consumir alimentos básicos baratos y con alta densidad energética, principalmente carbohidratos y grasas, en lugar de alimentos con un alto valor nutricional. El denominador común de estas situaciones es el compromiso de la calidad nutricional, que finalmente conduce a una ingesta insuficiente de micronutrientes, también conocido como hambre oculta. Los micronutrientes son vitaminas y minerales que nuestro organismo necesita en pequeñas cantidades, pero cuyo déficit se asocia a enfermedades graves.

La malnutrición es una de las principales causas de morbilidad y mortalidad en entornos de pobreza, que afecta particularmente a las mujeres embarazadas y a los niños. A pesar de los avances en políticas de salud pública, la desnutrición y las deficiencias de micronutrientes continúan afectando a millones de personas en el mundo, lo que perpetúa el ciclo de pobreza y limita el desarrollo humano.

Principales deficiencias nutricionales y sus consecuencias

La falta de acceso a alimentos de origen animal limita el aporte de proteínas de alto valor biológico, hierro hemo y otros nutrientes esenciales. Una ingesta insuficiente de proteína puede causar desnutrición calórico-proteica, afectando el crecimiento infantil y la regeneración de los tejidos corporales en mujeres embarazadas y lactantes [4].

En los países con bajos recursos económicos, las carencias de micronutrientes más frecuentes son la de hierro, folato, vitamina A, yodo y zinc, y los sectores de la población más afectados son las mujeres y los niños. Estas deficiencias, que suelen coexistir en la misma población, pueden provocar retraso en el crecimiento, anemia, mayor susceptibilidad a infecciones y complicaciones en el embarazo y el parto [5].

- Carencia de hierro: principal causa de anemia en menores de países en vías de desarrollo; impacta negativamente el desarrollo cognitivo infantil.
- Carencia de folato: se ha relacionado con defectos del tubo neural en el recién nacido y anemia en el niño.
- Carencia de vitamina A: principal causa de ceguera infantil prevenible en países de bajo desarrollo socioeconómico.
- Carencia de yodo: se asocia a una menor reserva cognitiva y un peor rendimiento escolar en la infancia.
- Carencia de zinc: aumenta la vulnerabilidad a enfermedades infecciosas y retrasa la curación de heridas.

El impacto de la desnutrición es particularmente severo en la primera infancia. Además del retraso en el crecimiento, los niños con desnutrición crónica presentan retraso en el desarrollo neurocognitivo, lo cual afecta a su desempeño escolar y reduce su capacidad productiva en la adultez [1].

Beneficios nutricionales de los insectos comestibles en la infancia y la salud materna

Aunque el consumo de insectos es una práctica ancestral en muchas culturas, últimamente está recibiendo una mayor atención por su potencial como fuente dietética alternativa y su consideración como alimento sostenible [6]. A medida que la población mundial sigue creciendo, el sistema alimentario enfrenta desafíos significativos para satisfacer las necesidades de nutrición, especialmente en las comunidades vulnerables. En este contexto, los insectos comestibles representan una alternativa prometedora para mejorar la seguridad alimentaria: la FAO lo define como “la situación en la que todas las personas, en todo momento, tienen acceso físico, social y económico a alimentos inocuos y nutritivos que satisfacen sus necesidades dietéticas y preferencias alimentarias, permitiéndoles llevar una vida activa y saludable” [3].

Aporte nutricional de los insectos comestibles

Los insectos comestibles representan una alternativa viable y sostenible para mejorar la nutrición en comunidades vulnerables debido a su alto contenido de macro- y micronutrientes. Son una fuente rica en proteínas, con niveles que oscilan entre el 40% y el 75% en base seca, proporcionando aminoácidos esenciales comparables a los de la carne de res y el pescado. Además, contienen ácidos grasos poliinsaturados beneficiosos para la salud cardiovascular, como el omega 3 (EPA y DHA) [2]. Su exoesqueleto aporta quitina, una fibra insoluble similar a la celulosa, que podría desempeñar un papel en la defensa del organismo. También destacan por su alto contenido de minerales como hierro y zinc, con una biodisponibilidad superior a la de fuentes vegetales, lo que ayuda a prevenir la anemia y el retraso en el crecimiento infantil. Asimismo, los insectos son una excelente fuente de vitaminas del grupo B, especialmente B12, esencial para la función neurológica y la formación de glóbulos rojos [7].

Evidencias científicas sobre el efecto del consumo de insectos en la salud materno-infantil

La malnutrición infantil por deficiencia es un problema global que impacta el desarrollo físico y cognitivo de los niños, incrementando el riesgo de enfermedades y mortalidad. Puede provocar retraso en el crecimiento, debilidad del sistema inmunológico y alteraciones en el desarrollo neurológico [3]. En este contexto, la búsqueda de fuentes alimentarias sostenibles y nutritivas es crucial para mejorar la salud materno-infantil, especialmente en comunidades vulnerables.

Existen investigaciones que han documentado que el consumo de insectos en la dieta materna puede contribuir a la mejora de parámetros hematológicos, en especial los niveles de hemoglobina, gracias a su alto contenido en hierro biodisponible, un micronutriente esencial para prevenir la anemia durante el embarazo [7].

En niños pequeños, se ha observado que la inclusión de insectos comestibles en la alimentación puede favorecer la recuperación del peso en casos de desnutrición. Ensayos clínicos han demostrado que dietas suplementadas con harina de insecto (como la de grillos o larvas de escarabajo) han mejorado significativamente los indicadores de crecimiento, particularmente en peso y estatura, cuando se comparan con dietas tradicionales bajas en proteínas o en regiones donde la inseguridad alimentaria es alta [8].

Barreras culturales y sanitarias en la aceptación de insectos comestibles

A pesar de sus beneficios, la aceptación de los insectos como alimento enfrenta desafíos tanto culturales como sanitarios.

En África y ciertas regiones de Asia y América Latina los insectos han sido consumidos tradicionalmente y son parte de la gastronomía local [9]. La resistencia hacia la entomofagia es más propia de países de Europa y América del Norte, aunque el nivel de aceptación está cambiando con la creciente conciencia ambiental y la innovación en productos a base de insectos [2,10,11] (figura 9.2). Un estudio publicado en 2022 identificó que el factor asco y la falta de costumbre son los principales obstáculos para la incorporación de insectos en la dieta occidental [8]. Para superar estos obstáculos, es esencial hacer llegar a los consumidores información rigurosa sobre los beneficios nutricionales y ambientales de la entomofagia. Según un artículo de FasterCapital, estas estrategias pueden incluir la transparencia en los procesos de producción, la colaboración con líderes de opinión y la integración de insectos en alimentos familiares para facilitar su aceptación.

Como cualquier alimento de origen animal, los insectos requieren estándares de producción y procesamiento adecuados para garantizar su seguridad. Esto son algunos de los riesgos que se pueden presentar [1]:

- Reacciones alérgicas: algunas proteínas de los insectos pueden ocasionar reacciones alérgicas en personas sensibilizadas a los crustáceos por reacción cruzada.
- Contaminación microbiana: las condiciones inadecuadas de cría y procesamiento pueden provocar la presencia de microorganismos con efecto más o menos grave sobre la salud humana.
- Presencia de metales pesados: la composición del sustrato que se utilice para la alimentación de los insectos determinará la composición del propio insecto.

Para una integración segura en la dieta, es fundamental contar con regulaciones claras que garanticen la calidad y seguridad de los productos basados en insectos. Sin embargo, este tipo de normativas no existen en los países en vías de desarrollo en los que, paradójicamente, el consumo de insectos comestibles es más habitual [1].

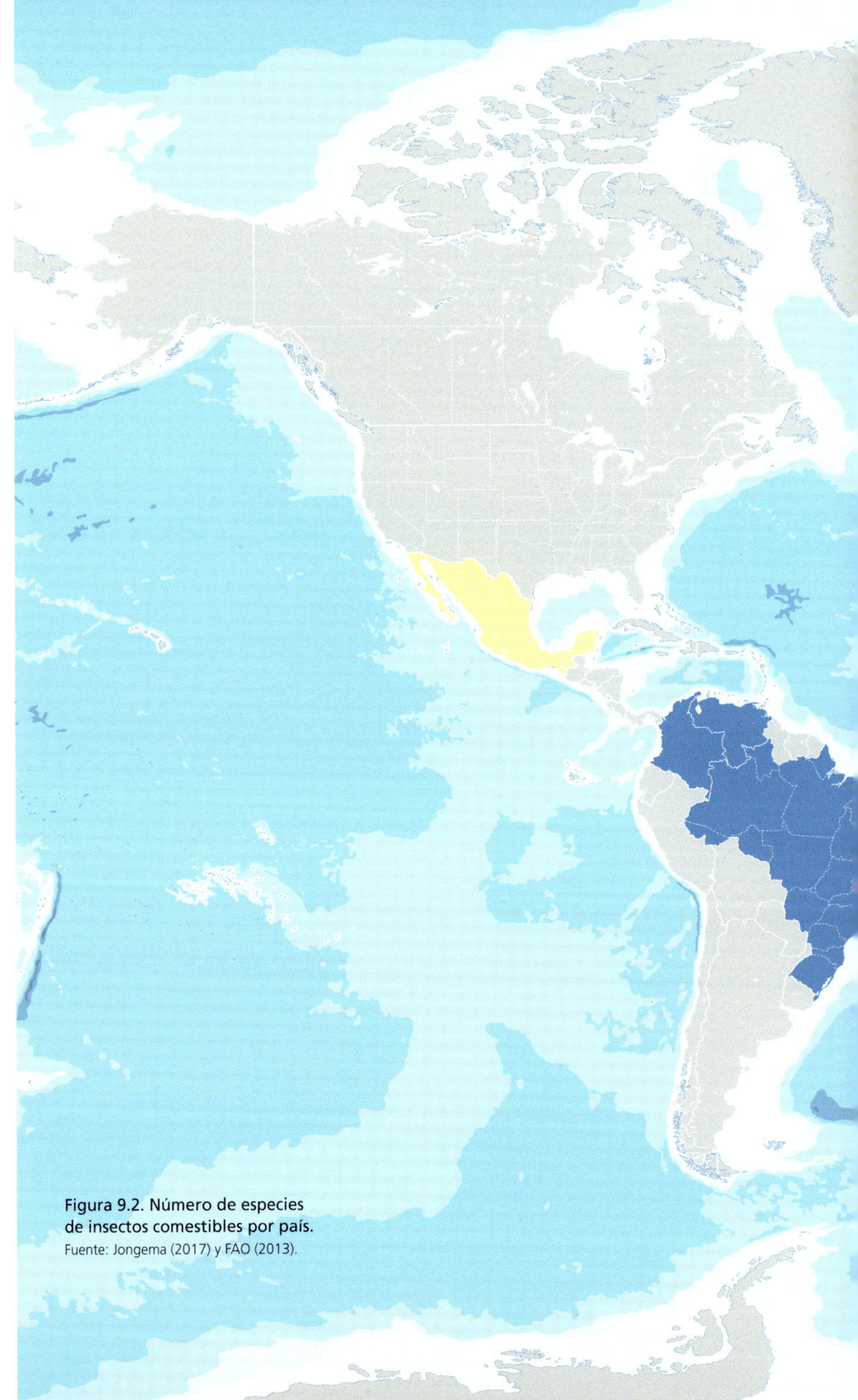

Figura 9.2. Número de especies de insectos comestibles por país.
Fuente: Jongema (2017) y FAO (2013).

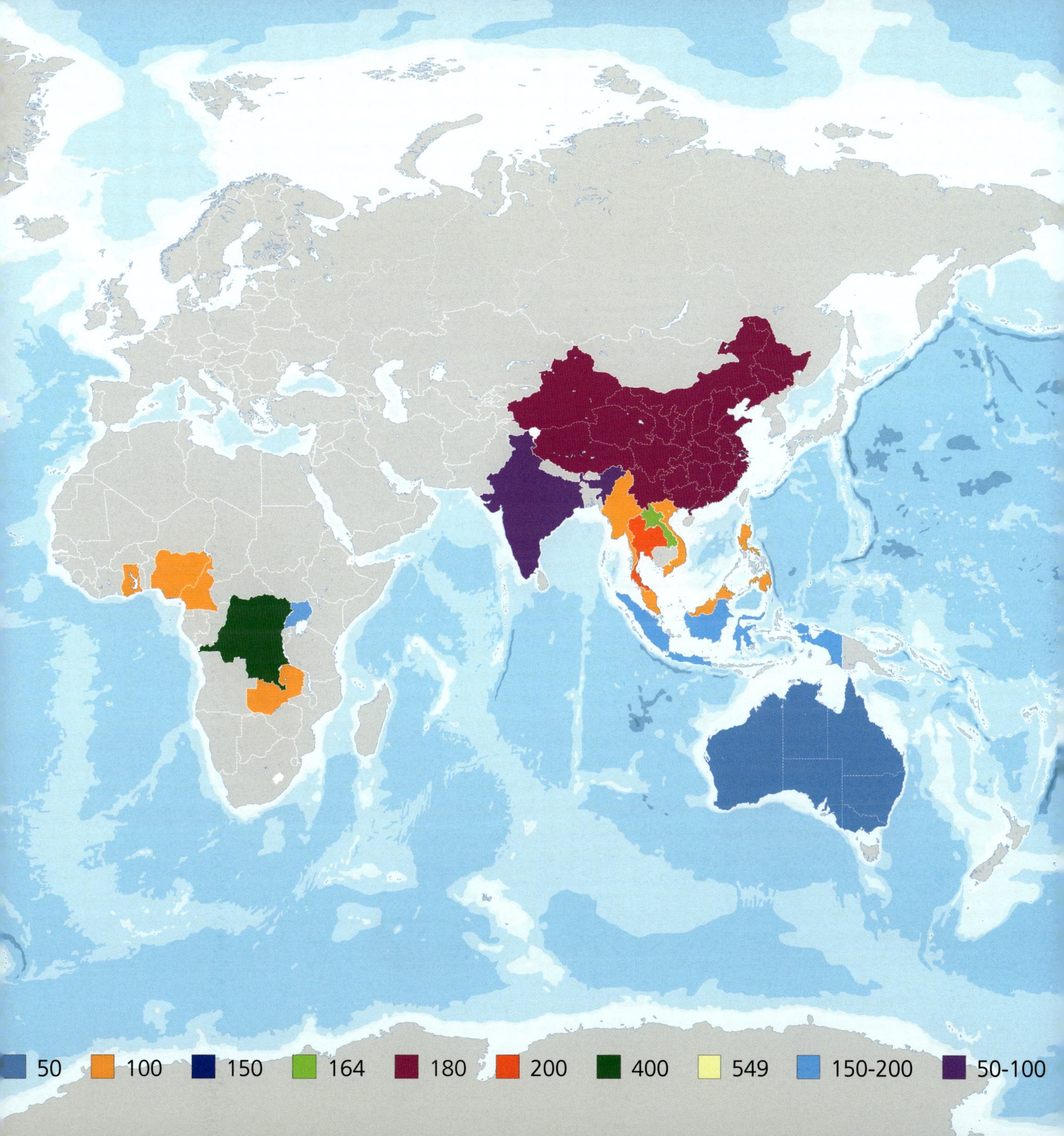

50
100
150
164
180
200
400
549
150-200
50-100

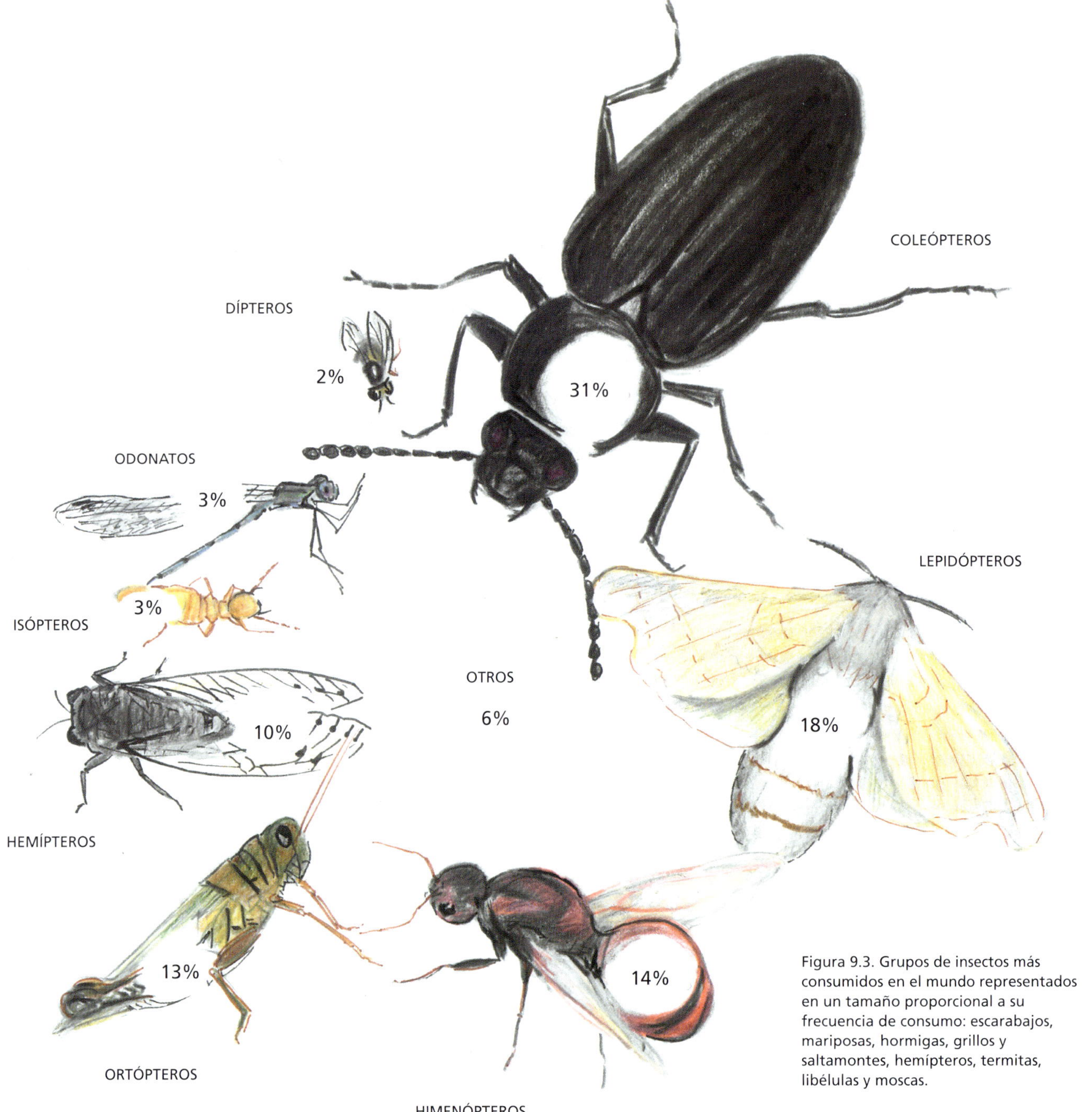

Figura 9.3. Grupos de insectos más consumidos en el mundo representados en un tamaño proporcional a su frecuencia de consumo: escarabajos, mariposas, hormigas, grillos y saltamontes, hemípteros, termitas, libélulas y moscas.

Especies de insectos comestibles y su disponibilidad en comunidades vulnerables

La entomofagia es común en diversas regiones del mundo. En África, Asia y América Latina, los insectos constituyen una parte integral de la dieta diaria [2]. El tipo de insecto más consumido en cada región depende fundamentalmente de lo abundante que sea, lo sencillo que resulte alimentarlo y su tasa de reproducción (figura 9.3).

- Grillos y saltamontes: se consumen con frecuencia en México, Tailandia y otros países del sudeste asiático [12].
- Cucarachas: frecuentes en dietas de Asia y África. Las especies más consumidas son *Nauphoeta cinerea* (familia Blaberidae) o *Shelfordella tartara* (familia Blattidae) [13] (figura 9.4).

Figura 9.4. Ejemplar de *Nauphoeta cinerea* (izquierda) y de *Shelfordella tartara* (derecha).

- Hormigas: en países de América Latina como Colombia y México, las hormigas (particularmente las hormigas de miel) son una delicia culinaria. En África, se consumen fritas, en polvo o como parte de guisos.
- Termitas: se consumen en diversas partes de África, América Latina y Asia. Habitualmente se tuestan o se cocinan con especias.
- Escarabajos: sus larvas se consumen en África, Asia y América Latina. Las dos especies que más se comen, ambas denominadas escarabajos de las palmas, son *Rhynchophorus palmarum* en la Amazonia y *Rhynchophorus phoenicis* en África (figura 9.5).

El escarabajo *Rhynchophorus ferrugineus* es conocido como escarabajo de las palmeras o picudo rojo, y se consume frecuentemente en la República Democrática del Congo (figura 9.6).

Figura 9.5. (A) Adulto de picudo negro de la palma, *Rhynchophorus palmarum* y (B) *Rhynchophorus phoenicis.*

B

Figura 9.6. Adulto y larva de *Rhynchophorus ferrugineus*.

Métodos de cría, recolección y su impacto en la seguridad alimentaria

Tradicionalmente, los insectos eran (y siguen siendo) capturados en su entorno natural [14]. Sin embargo, algunos insectos pueden criarse de manera relativamente sencilla. Los grillos (*Acheta domestica*) y los gusanos de harina (*Tenebrio molitor*), por ejemplo, pueden criarse exitosamente bajo condiciones controladas de humedad y temperatura si reciben alimento de manera regular. La cría de insectos en granjas controladas abre la posibilidad a producir grandes cantidades de alimento sin necesidad de grandes espacios ni infraestructuras. La cría de insectos imprime una menor huella hídrica que la ganadería habitual y puede llevarse a cabo en pequeñas extensiones de terreno urbano o rural, por lo que también es menor su impacto sobre la biodiversidad. Los insectos son mucho más eficientes en la conversión de alimentos en masa corporal propia (sobre todo de proteínas): para producir 1 kg de polvo de grillo se necesitan alrededor de 2 kg de alimento, frente a los 8 kg que se necesitan para producir 1 kg de carne de vacuno en extensivo y son una mejor opción que el ganado en términos de emisiones de CO_2.

Experiencias en la promoción de la cría y consumo de insectos en países en vías de desarrollo

En África, países como Kenia y Zimbabue han implementado programas exitosos de cría de grillos y orugas mopane (*Gonimbrasia belina*), respectivamente, para consumo humano (figura 9.7). Por otra parte, *Cirina forda* es una de las especies consumidas de forma habitual en la República Democrática del Congo, donde se la conoce como oruga negra del Congo, polilla emperador pálida o defoliador de karité (figura 9.8).

En América Latina, países como México y Colombia promueven el consumo de insectos como alternativa nutricional y culturalmente relevante. En Asia, Tailandia y China cuentan con industrias establecidas de producción y comercialización de insectos comestibles, contribuyendo a la seguridad alimentaria y al desarrollo económico local.

La cría de insectos requiere menos recursos (alimento, energía, agua y espacio) y emite menos gases de efecto invernadero que la ganadería tradicional, por lo que se ha convertido en una alternativa muy interesante para países en vías de desarrollo con escasez de alimento y para los Gobiernos interesados en apoyar medidas ecosostenibles. La cría de insectos para el consumo humano (de forma aislada o como parte de un producto alimentario)

Figura 9.7. Orugas mopane (*Gonimbrasia belina*).

favorece la generación de empleo local, fomenta la diversificación económica y reduce la dependencia de productos importados. A nivel local, destaca la posibilidad de impulsar la creación de pequeñas empresas dedicadas a la recolección o cría, el procesamiento y transformación del alimento o a la venta y distribución. Su bajo costo de producción y su alta demanda en mercados emergentes representan grandes oportunidades que están atrayendo inversión y promoviendo modelos de negocio sostenibles [15].

Estrategias para fomentar su consumo y producción a pequeña escala

Para superar las barreras culturales, es esencial implementar programas de educación y sensibilización sobre los beneficios nutricionales y ambientales de los insectos. Además, se requiere el desarrollo de una industria local con apoyo gubernamental y políticas de inversión [2].

La implementación de estrategias de educación y sensibilización sobre los beneficios nutricionales y ambientales de la entomofagia debe contar con la participación de científicos, políticos y agentes locales. Para lograr un mayor alcance e impacto social, sería interesante que contasen con el apoyo de personalidades relevantes y líderes

Figura 9.8. Oruga de la mariposa *Cirina forda*, conocida como oruga negra del Congo.

de opinión. Sin olvidar ningún estrato de edad, las campañas de educación y sensibilización deben dirigirse principalmente a los niños, que son más receptivos y pueden influir en las costumbres dietéticas de sus familias.

Es importante incidir en aspectos como los beneficios nutricionales y la sostenibilidad medioambiental para favorecer las actitudes positivas hacia estas prácticas alimentarias. Actividades que fomenten la participación ciudadana, como talleres de cocina y degustación, podrían ser útiles para desmontar mitos y eliminar el miedo relacionado con el consumo de insectos comestibles.

Producción local y oportunidades de mercado

La industria de los insectos comestibles presenta un gran potencial para satisfacer la creciente demanda de fuentes sostenibles de proteína [16]. Para crear un entorno favorable a la industria en países en vías de desarrollo, es imprescindible la colaboración entre Gobiernos, organizaciones no gubernamentales y comunidades locales. Además, el respaldo de estos organismos puede ayudar a superar los desafíos técnicos y las barreras culturales hacia los insectos comestibles, favoreciendo una transición paulatina hacia este tipo de alimentos.

Perspectivas futuras

El consumo de insectos comestibles se presenta como una alternativa nutritiva y sostenible en entornos de pobreza, mejorando la seguridad alimentaria con un escaso impacto medioambiental. Si bien existen barreras culturales y sanitarias, las iniciativas educativas y el desarrollo de una industria local podrían favorecer su aceptación y promover el desarrollo económico de los países en vías de desarrollo.

Las áreas de estudio en relación con el consumo de insectos comestibles y su impacto en la salud humana son muchas y muy diversas. De entre ellas, nos gustaría destacar las siguientes por su relevancia y factibilidad.

- Evaluación nutricional y biodisponibilidad de nutrientes.
  - Estudio del perfil nutricional y la biodisponibilidad de micronutrientes esenciales de dietas basadas en insectos comestibles y comparación con los de fuentes proteicas convencionales.
  - Evaluación del impacto de los insectos comestibles en la microbiota intestinal y la absorción de nutrientes en poblaciones desnutridas.
- Impacto en la salud materno-infantil.
  - Estudio del impacto del consumo de insectos comestibles en la salud de mujeres embarazadas.
  - Estudio del impacto del consumo de insectos comestibles en el crecimiento y desarrollo de niños con desnutrición crónica.
- Seguridad alimentaria y estándares regulatorios.
  - Desarrollo de protocolos de seguridad alimentaria para garantizar que los insectos se produzcan y procesen sin riesgos microbiológicos o contaminantes.
  - Evaluación del riesgo de alergias o reacciones adversas al consumo de insectos en poblaciones vulnerables.
- Sostenibilidad y acceso en comunidades vulnerables:
  - Estudio de la viabilidad de la crianza de insectos a pequeña escala como estrategia para mejorar la seguridad alimentaria en comunidades de bajos recursos.
  - Diseño de programas de educación alimentaria para promover la inclusión de insectos comestibles en recetas locales.
- Desarrollo de productos alimenticios y aceptación cultural.
  - Desarrollo de productos alimentarios enriquecidos con insectos (harinas, suplementos, barras energéticas) para promover la aceptabilidad en diferentes culturas.
  - Identificación de las barreras psicológicas frente al consumo

de insectos en poblaciones que no tienen la costumbre de alimentarse de insectos.

- Intervenciones en salud pública y programas gubernamentales.
  - Diseño e implementación de programas de alimentación escolar basados en insectos para mejorar el estado nutricional de los niños.
  - Análisis de la viabilidad de incorporar insectos en programas de asistencia alimentaria y subsidios gubernamentales en entornos de pobreza.
  - Evaluación del impacto económico y social del desarrollo de una industria local de insectos como fuente de empleo y reducción de la pobreza.

Cirina forda, oruga negra del Congo.

Referencias

[1] SIDDIQUI, S. A. *et al.* (2023): "Legal situation and consumer acceptance of insects being eaten as human food in different nations across the world: A comprehensive review", *Comprehensive Reviews in Food Science and Food Safety*, 22.

[2] FAO (2013): *Edible insects: Future prospects for food and feed security*, FAO, Roma.

[3] fa, ifad, unicef, wfp y who (2022): *El estado de la seguridad alimentaria y la nutrición en el mundo 2022*, FAO, Roma.

[4] LI, H. *et al.* (2023): "Nutritional deficiencies in low-sociodemographic-index countries: a population-based study", *Frontiers in Nutrition*, 10.

[5] JI, S. *et al.* (2024): "Trends in three malnutrition factors in the global burden of disease: iodine deficiency, vitamin A deficiency, and protein-energy malnutrition (1990–2019)", *Frontiers in Nutrition*, 11.

[6] AVENDAÑO, A.; SÁNCHEZ, M. y VALENZUELA, V. C. (2020): "Insects: An alternative for animal and human feeding", *Revista Chilena de Nutricion*, 47, pp. 1029-1037.

[7] CUNHA, N. *et al.* (2023): "Effects of Insect Consumption on Human Health: A Systematic Review of Human Studies", *Nutrients*, 15.

[8] ROS-BARÓ, M. *et al.* (2022): "Edible Insect Consumption for Human and Planetary Health: A Systematic Review", *International Journal of Environmental Research and Public Health*.

[9] GUINE, R. P. F. *et al.* (2024): "Edible Insects: Consumption, Perceptions, Culture and Tradition Among Adult Citizens from 14 Countries", *Foods*, 13.

[10] BUKCHIN-PELES, S. (2024): "Shaping attitudes toward sustainable insect-based diets: The role of hope", *Future Foods*, 10.

[11] JONGEMA, Y. (2017): *Worldwide list of edible insects*, Wageningen University & Research, https://n9.cl/sidbz.

[12] VÁZQUEZ-HERNÁNDEZ, M. C. (2024): "Los insectos como alternativa para la ingeniería en la industria alimentaria", *Revista de Ingeniería en Industrias Alimentarias.*

[13] RSA-CONICET (2021): *Producción de insectos para consumo humano. Descripción de procesos y perfil de riesgo*, informe final, Consejo Nacional de Investigaciones Científicas y Técnicas, Argentina.

[14] CHÁVEZ, M. (2022): "La entomofagia y la industrialización de los insectos: Una revisión sistemática", *Revista Estudiantil AGRO-VET*, 6, p. 108.

[15] ARROYO MARLÉS, A. I. (2024): *Insectos comestibles como modelo de negocio sostenible*, UVserva, Bogotá, pp. 188-205.

[16] ORTIZ-PADILLA, W. *et al.* (2024): "Cría y comercialización de insectos comestibles como fuente alternativa de proteína a nivel global", *Spei Domus*, pp. 1-22.

Laura Beatriz Herrero Montarelo

10. Los insectos como nuevo alimento en la Unión Europea

La entomofagia, entendiendo por esta, la ingesta de insectos como alimento por los humanos, es un hábito alimentario muy extendido y tradicional en algunas culturas de África, Asia, América del Sur y Oceanía.

Existen alrededor de dos mil especies de insectos comestibles que se consumen en estas partes del mundo como parte de la dieta habitual, considerándose una parte importante de aporte de nutrientes. No obstante, en algunas otras culturas, como la europea, su consumo es muy poco común, aunque actualmente este modelo dietético se está generalizando en países de nuestro entorno donde se va introduciendo poco a poco, principalmente, como fuente alternativa de proteínas. De hecho, la Autoridad Europea de Seguridad Alimentaria (EFSA), los incluye ya como una categoría de alimentos en el sistema FoodEx2 de clasificación y descripción de alimentos.

Según La Organización de las Naciones Unidas para la Agricultura y la Alimentación (FAO), los insectos comestibles pueden diversificar las dietas, mejorar los medios de vida, contribuir a la seguridad alimentaria y nutricional y tener una menor huella ecológica en comparación con otras fuentes de proteínas [1].

Marco regulatorio para los insectos en la unión europea

En la Unión Europea, en el ámbito de la alimentación humana, los insectos son considerados como nuevos alimentos, entendiendo por ellos todo alimento que no haya sido utilizado en una medida

Figura 10.1 Recortes de prensa que informan de la aprobación progresiva de insectos comestibles como nuevos alimentos en la Unión Europea. Estas autorizaciones reflejan el creciente interés por las fuentes alternativas de proteína sostenible en el marco de la seguridad alimentaria.
Fuente: Elaboración propia a partir de noticias aparecidas en *Diario Sur*, *El País*, Onda Cero, *20minutos* y OCU.

importante para el consumo humano en la Unión antes del 15 de mayo de 1997, con independencia de las fechas de adhesión de los Estados miembros a la Unión, y que esté comprendido por lo menos en una de las categorías que marca el reglamento sobre nuevos alimentos.

Hasta el 31 de diciembre de 2017, se aplicaba el Reglamento (CE) 258/97 del Parlamento Europeo y del Consejo de 27 de enero de 1997 [2], sobre nuevos alimentos y nuevos ingredientes alimentarios, donde los insectos estaban incluidos en la definición de nuevo alimento como "ingredientes alimentarios obtenidos a partir de animales", es decir, solo se incluían las partes de los insectos (como las patas, las alas y la cabeza), excluyéndose los insectos enteros.

A partir del 1 de enero de 2018, entra en aplicación el Reglamento (UE) 2015/2283 del Parlamento Europeo y del Consejo, de 25 de noviembre de 2015 [3], donde los insectos se enmarcan en la definición de nuevo alimento como "alimentos que consistan en animales o sus partes, o aislado de estos o producido a partir de estos", es decir, ya se incluyen los insectos enteros.

Esta situación de vacío legal para los insectos enteros hasta el 1 de enero de 2018, llevó a que algunos Estados miembros toleraran su presencia en sus territorios, de manera que a partir de esta fecha, con base en el nuevo reglamento, se establece un periodo transitorio por el que los insectos enteros pueden permanecer en el mercado y mientras se decide su conformidad con el procedimiento de autorización de nuevos elementos.

Actualmente, las especies de insecto entero acogidas a medidas transitorias para las que se mantiene el *statu quo* son *Acheta domesticus* (grillo doméstico), *Tenebrio molitor* (gusano de la harina) y *Locusta migratoria* (langosta migratoria) (figura 10.1).

Procedimientos de autorización de insectos como nuevo alimento:

El procedimiento de autorización de un nuevo alimento conlleva una evaluación de seguridad previa a la autorización de su comercialización en el mercado de la Unión Europea y estas autorizaciones se aplican en todos los Estados miembros.

La aplicación del Reglamento (UE) 2015/2283 [15-17] ha supuesto un cambio significativo en la regulación y el procedimiento de autorización de los nuevos alimentos. Anteriormente todos los nuevos alimentos se trataban por igual, con independencia de si eran completamente nuevos o si se consumían de forma tradicional y segura en países fuera de la Unión Europea.

Las autorizaciones iban destinadas al solicitante, de manera que este tenía pleno derecho sobre la propiedad de esta; además, la evaluación inicial se llevaba a cabo en el país donde se pretendía comercializar por primera vez el nuevo alimento y se aplicaban dos procedimientos:

- Simplificado: en el que se debía demostrar que el alimento en cuestión era sustancialmente equivalente a alimentos o ingredientes alimentarios ya existentes en el mercado.
- Ordinario: aplicable en aquellos casos en los que no podía atribuirse el concepto de equivalencia sustancial y que perseguía demostrar que el nuevo alimento o ingrediente alimentario no conllevaba un riesgo para el consumidor ni le inducia a error y que no suponía una desventaja nutricional respecto a sus homólogos convencionales.

La nueva legislación que regula los nuevos alimentos pretende dotar de una mayor eficiencia al proceso de autorización, lo que a su vez constituye un estímulo para la innovación en el sector alimentario, al mismo tiempo que se garantiza la seguridad de los consumidores europeos y aumenta la variedad de alimentos comercializables.

El nuevo reglamento establece dos procedimientos de autorización que aplican a los insectos, el general y el tradicional de terceros países, que se caracterizan por ser simplificados y centralizados. Están gestionados por la Comisión Europea utilizando un sistema de envío de solicitudes en línea.

Procedimiento general

El solicitante debe presentar por vía telemática a la Comisión Europea la solicitud de autorización del nuevo alimento de conformidad con los requisitos del artículo 10 del nuevo Reglamento. Estos requisitos han sido desarrollados por el Reglamento de Ejecución (UE) 2017/2469 de la Comisión de 20 de diciembre de 2017 [5].

La Comisión Europea, tras validar la solicitud de autorización, solicitará a la EFSA que lleve a cabo una evaluación de riesgos y esta adoptará su dictamen en un plazo de nueve meses a partir de la fecha de recepción de una solicitud válida.

Si el dictamen de la EFSA resulta favorable, en los siete meses siguientes a su publicación, la Comisión presentará al Comité Permanente de Plantas, Animales, Alimentos y Piensos, un proyecto de acto de ejecución por el que se autoriza la comercialización del nuevo alimento y la actualización de la lista de la Unión [6].

Una vez que el acto recibe un voto favorable del Comité Permanente y es adoptado y publicado por la Comisión, el nuevo alimento puede comercializarse legalmente en todo el mercado de la Unión Europea.

Procedimiento para los alimentos tradicionales de terceros países (ATTP)

Por alimento tradicional de tercer país se entiende, "todo nuevo alimento que se derive de la producción primaria tal como se define en el artículo 3, del Reglamento (CE) 178/2002 que posea un historial de uso alimentario seguro en un tercer país"; es decir, que la seguridad del alimento en cuestión se ha confirmado con datos sobre su composición y a partir de la experiencia de uso continuo durante al menos veinticinco años dentro de la dieta habitual de un número significativo de personas en al menos un tercer país.

Se trata de un procedimiento de notificación simplificado, ideado para favorecer la entrada en el mercado de la Unión Europea de aquellos alimentos que, por su condición de tradicional en un tercer país, cuenta con un historial de consumo seguro en este.

La autorización de la comercialización de estos alimentos tradicionales puede seguir dos vías. La primera consiste en una notificación según lo establecido en el artículo 14 y la segunda se puede seguir en el caso de que se hayan presentado objeciones de seguridad a la notificación presentada en un primer momento. En este segundo caso, se habla de solicitud y se realiza según lo establecido en el artículo 16.

Igual que con otros nuevos alimentos, los alimentos tradicionales de un tercer país solo pueden comercializarse en la Unión Europea después de que la Comisión Europea haya validado una notificación, adopte una norma que autorice la comercialización del alimento tradicional y actualice la lista de la Unión. Por lo tanto, antes de poner un alimento tradicional de un tercer país en el mercado de la Unión Europea, el solicitante debe presentar a la Comisión una notificación para la autorización de conformidad con los requisitos del artículo 14 del nuevo reglamento [4].

Tras la recepción de una notificación, la Comisión valida la solicitud, su integridad y la presencia de la información requerida. La Comisión envía la notificación válida a los Estados miembros y a la EFSA que, en un plazo de cuatro meses, podrán presentar a la Comisión objeciones de seguridad debidamente justificadas a la comercialización del alimento tradicional de que se trate.

Cuando no se hayan presentado objeciones de seguridad debidamente motivadas, la Comisión presentará al Comité Permanente de Plantas, Animales, Alimentos y Piensos un proyecto de acto de ejecución por el que se autoriza la comercialización de los alimentos tradicionales y la actualización de la lista de la Unión. Una vez que el acto recibe el voto favorable del Comité Permanente y es adoptado y publicado por la Comisión, el alimento tradicional puede comercializarse legalmente en la Unión Europea.

Si uno o más Estados miembros o la EFSA presentan objeciones de seguridad debidamente justificadas, la Comisión no puede autorizar la comercialización de los alimentos tradicionales en cuestión ni actualizar la lista de la Unión. En ese caso, el solicitante puede presentar una solicitud a la Comisión, en la que, además de la información ya facilitada, se incluyan datos documentados relativos a las objeciones de seguridad formuladas, de acuerdo con el artículo 16 del Reglamento (UE) 2015/2283.

En consecuencia, cualquier operador que quiera comercializar insectos para alimentación humana en la Unión Europea debe presentar una solicitud de autorización o de notificación sobre la base de uno de los dos procedimientos. Una vez que la Comisión Europea lo incluya en la lista de la Unión, tal y como prevé el reglamento, se podrá iniciar su comercialización en todo el territorio de la Unión Europea.

Desde la entrada en vigor del nuevo reglamento hasta la actualidad, son ya cuatro las especies de insecto autorizadas como nuevo alimento y que por tanto pueden comercializarse en la Unión Europea en diferentes presentaciones (figura 10.2).

Figura 10.2. Caja de larvas de *Tenebrio molitor* (gusano de la harina) y caminando sobre ella, las otras tres especies de insectos que pueden comercializarse en la Unión Europea, *Locusta migratoria* (langosta migratoria), *Acheta domesticus* (grillo doméstico) y la larva y el adulto de *Alphitobius diaperinus* (escarabajo de la cama).

Así, se ha autorizado ya, en diferentes formas de presentación la comercialización de las especies de insecto entero *Tenebrio molitor* (larva), *Locusta migratoria*, *Acheta domesticus* y *Alphitobius diaperinus* mediante sus correspondientes reglamentos de ejecución [7-13] (figuras 10.3, 10.4 y 10.5).

La lista de la UE de nuevos alimentos autorizados

Una de las novedades del Reglamento (UE) 2015/2283 es la forma en la que las autorizaciones de comercialización de nuevos alimentos se hacen públicas. Anteriormente, se publicaban mediante cartas de autorización de las autoridades competentes de un Estado miembro o, si se habían planteado objeciones de seguridad por algún Estado o la Comisión Europea, mediante decisiones de la Comisión publicadas en el *Diario Oficial de la Unión Europea*.

Por el contrario, a partir del 1 enero de 2018, las autorizaciones de nuevos alimentos se publican en la "Lista de la Unión de nuevos alimentos autorizados", mediante el Reglamento de Ejecución (UE) 2017/2470 de la Comisión [6].

La lista de la Unión de nuevos alimentos autorizados incluye información sobre la denominación del nuevo alimento, las condiciones en las que puede utilizarse (alimentos y contenido máximo en los que se puede utilizar), requisitos específicos de etiquetado adicionales y otros requisitos. Además, se incluyen las especificaciones de cada nuevo alimento.

Protección de datos

A petición del solicitante y si la Comisión Europea considera que las pruebas o los datos científicos en que se basa la solicitud son imprescindibles para la evaluación de la seguridad, estos datos no se podrán utilizar en apoyo de otra solicitud durante un periodo de cinco años a partir de la fecha de autorización del nuevo alimento sin el acuerdo del solicitante inicial. Por tanto, si otra empresa quiere comercializar el mismo producto, deberá presentar un dosier completo incluyendo sus propios datos científicos. Esto significa que la lista de la Unión deberá modificarse de acuerdo con esta protección de datos incluyendo, entre otros, la fecha de inclusión del nuevo alimento en la lista de la Unión, la fecha final de la protección de datos y el nombre y la dirección del solicitante.

Procedimiento de evaluación de riesgos

Anteriormente, la evaluación de un nuevo alimento la realizaba el Estado miembro donde iba a realizarse la primera comercialización y la EFSA solo

Figura 10.3. Diferentes especies y formas de presentación de insectos comestibles.
Fotografía: Ligia Esperanza Díaz Prieto.

Figura 10.4. Insectos comestibles autorizados en la Unión Europea, en nuestra mesa.
Fotografía: Ligia Esperanza Díaz Prieto.

realizaba, a petición de la Comisión Europea, una evaluación complementaria.

A partir de la aplicación del nuevo Reglamento (UE) 2015/2283 la evaluación de riesgos de los nuevos alimentos la efectúa la EFSA, siendo un paso previo necesario en la regulación de nuevos alimentos, ya que el asesoramiento científico respalda la toma de decisiones a la hora de autorizar o no un nuevo alimento en la Unión Europea. Con este procedimiento de evaluación centralizado, se pretende mejorar la eficiencia y la transparencia, estableciendo plazos para la evaluación de seguridad y el procedimiento de autorización; con ello, se reduce el tiempo total dedicado a las aprobaciones.

Los insectos, como cualquier alimento, presentan una serie de riesgos microbiológicos, químicos y nutricionales. En 2014, la Comisión Europea, solicitó a la EFSA, la revisión de los riesgos microbiológicos, químicos, nutricionales y ambientales asociados al consumo de insectos y su producción para alimentación humana y animal.

En respuesta a esta petición, el 8 de octubre de 2015, la EFSA hizo pública su opinión en el "Perfil de riesgo en relación con la producción y el consumo de insectos como alimento y pienso" [14]. En este informe, la EFSA presenta los potenciales riesgos biológicos y químicos, así como la potencial

Figura 10.5. Yogur con frambuesas y larvas de *Tenebrio molitor.*
Fotografía: Ligia Esperanza Díaz Prieto.

alergenicidad y los posibles riesgos medioambientales asociados a los insectos de granja usados como alimentos y piensos teniendo en cuenta toda la cadena alimentaria, desde la granja hasta el producto final.

El dictamen de la EFSA tiene el formato de un perfil de riesgo que incluye consideraciones de riesgos asociados con insectos si se usan como alimento y pienso. El informe concluye recomendando que es necesario iniciar investigaciones en los aspectos que originan incertidumbres debido a la falta de información, tales como consumo humano, consumo animal, bacterias, virus, parásitos, priones, alérgenos, riesgos químicos, impacto del procesado, así como impacto medioambiental de los sistemas de producción de insectos.

Los insectos son organismos complejos, lo cual hace que caracterizar la composición de los productos alimentarios derivados de insectos sea un desafío. Comprender su microbiología es primordial, ya que se consume el insecto entero.

Las formulaciones de insectos pueden tener un alto contenido de proteínas, aunque los niveles verdaderos de proteínas pueden sobreestimarse cuando está presente la quitina, un componente principal del exoesqueleto de los insectos. Muchas alergias alimentarias están relacionadas con las proteínas, por lo que es necesario evaluar si el consumo de insectos podría desencadenar alguna reacción alérgica. Estas pueden estar causadas por la sensibilidad de un individuo a las proteínas de insectos, la reactividad cruzada con otros alérgenos o alérgenos residuales de los alimentos para insectos.

No fue hasta 2021 cuando la EFSA publicó la primera evaluación completa de un producto alimentario derivado de insectos como nuevo alimento. Concretamente, la evaluación ha sido referida al conocido como gusano de la harina (larva *Tenebrio molitor*).

Para ayudar a los solicitantes en la presentación de sus solicitudes para autorizar un nuevo alimento, la EFSA, ha publicado guías de orientación sobre nuevos alimentos y alimentos tradicionales de terceros países para ayudar a garantizar que estos sean seguros antes de que los gestores de riesgos decidan si pueden comercializarse en Europa.

Las nuevas guías explican en detalle el tipo de información que los solicitantes deben proporcionar para la evaluación del riesgo. También explican cómo presentar esta información antes de que la EFSA pueda evaluar la inocuidad de los nuevos alimentos o alimentos tradicionales procedentes de terceros países.

Locusta migratoria,
langosta migratoria.

Referencias

[1] FAO (2021): *Looking at edible insects from a food safety perspective.*

[2] Reglamento (CE) 258/97, de 27 de enero de 1997, sobre nuevos alimentos y nuevos ingredientes alimentarios.

[3] Reglamento (UE) 2015/2283 del Parlamento Europeo y del Consejo de 25 de noviembre de 2015 relativo a los nuevos alimentos, por el que se modifica el Reglamento (UE) 1169/2011 del Parlamento Europeo y del Consejo y se derogan el Reglamento (CE) 258/97 del Parlamento Europeo y del Consejo y el Reglamento (CE) 1852/2001 de la Comisión.

[4] Reglamento de Ejecución (UE) 2017/2468 de la Comisión de 20 de diciembre de 2017 por el que se establecen requisitos administrativos y científicos acerca de los alimentos tradicionales de terceros países de conformidad con el Reglamento (UE) 2015/2283 del Parlamento Europeo y del Consejo relativo a los nuevos alimentos.

[5] Reglamento de Ejecución (UE) 2017/2469 de la Comisión de 20 de diciembre de 2017 por el que se establecen los requisitos administrativos y científicos que deben cumplir las solicitudes mencionadas en el artículo 10 del Reglamento (UE) 2015/2283 del Parlamento Europeo y del Consejo, relativo a los nuevos alimentos.

[6] Reglamento de Ejecución (UE) 2017/2470 de la Comisión de 20 de diciembre de 2017 por el que se establece la lista de la Unión de nuevos alimentos, de conformidad con el Reglamento (UE) 2015/2283 del Parlamento Europeo y del Consejo, relativo a los nuevos alimentos.

[7] Reglamento de Ejecución (UE) 2021/882 de la Comisión de 1 de junio de 2021 por el que se autoriza la comercialización de larvas de Tenebrio molitor desecadas como nuevo alimento con arreglo al Reglamento (UE) 2015/2283 del Parlamento Europeo y del Consejo y se modifica el Reglamento de Ejecución (UE) 2017/2470 de la Comisión.

[8] Reglamento de Ejecución (UE) 2022/169 de la Comisión de 8 de febrero de 2022 por el que se autoriza la comercialización de las formas congelada, desecada y en polvo del gusano de la harina (larva de Tenebrio molitor) como nuevo alimento con arreglo al Reglamento (UE) 2015/2283 del Parlamento Europeo y del Consejo y se modifica el Reglamento de Ejecución (UE) 2017/2470 de la Comisión.

[9] Reglamento de Ejecución (UE) 2021/1975 de la Comisión de 12 de noviembre de 2021 por el que se autoriza la comercialización de las formas congelada, desecada y en polvo de Locusta migratoria como nuevo alimento con arreglo al Reglamento (UE) 2015/2283 del Parlamento Europeo y del Consejo y se modifica el Reglamento de Ejecución (UE) 2017/2470 de la Comisión.

[10] Reglamento de Ejecución (UE) 2022/188 de la Comisión de 10 de febrero de 2022 por el que se autoriza la comercialización de las formas congelada, desecada y en polvo de Acheta domesticus como nuevo alimento con arreglo al Reglamento (UE) 2015/2283 del Parlamento Europeo y del Consejo y se modifica el Reglamento de Ejecución (UE) 2017/2470 de la Comisión.

[11] Reglamento de Ejecución (UE) 2023/5 de la Comisión de 3 de enero de 2023 por el que se autoriza la comercialización de polvo parcialmente desgrasado de Acheta domesticus como nuevo alimento y se modifica el Reglamento de Ejecución (UE) 2017/2470.

[12] Reglamento de Ejecución (UE) 2023/58 de la Comisión de 5 de enero de 2023 por el que se autoriza la comercialización de las formas congelada, en pasta, desecada y en polvo de las larvas de Alphitobius diaperinus (escarabajo del estiércol) como nuevo alimento y se modifica el Reglamento de Ejecución (UE) 2017/2470.

[13] Reglamento de Ejecución (UE) 2025/89 de la Comisión, de 20 de enero de 2025, por el que se autoriza la comercialización de polvo tratado con radiación ultravioleta de larvas enteras de *Tenebrio molitor* (gusano de la harina) como nuevo alimento y se modifica el Reglamento de Ejecución (UE) 2017/2470.

[14] European Food Safety Agency (EFSA) (2015): "Risk profile related to production and consumption of insects as food and feed".

[15] — (2024): "Administrative guidance for the preparation of novel food applications in the context of Article 10 of Regulation (EU) 2015/2283".

[16] — (2024): "Guidance on the scientific requirements for an application for authorisation of a novel food in the context of Regulation (EU) 2015/2283".

[17] — (2025): "Novel and Traditional Food applications and notifications: regulations and guidance".

Natalia Naranjo-Guevara

11. Evolución del comportamiento del consumidor hacia insectos comestibles

Introducción

Durante la última década, el panorama global del consumo de alimentos ha estado experimentando una transformación significativa, con una creciente atención hacia el potencial de los insectos comestibles como fuente alimentaria sostenible y nutritiva. Este interés creciente se evidencia en el auge de la investigación y el desarrollo en este campo, especialmente tras el informe clave de 2013 de la Organización de las Naciones Unidas para la Alimentación y la Agricultura (FAO) [1]. Este informe sirvió como referencia y destacó los beneficios multifacéticos de los insectos tanto para la alimentación humana como para la alimentación animal, lo que catalizó el interés tanto del sector público como del privado.

A medida que el mundo enfrenta la necesidad de alimentar a una población creciente de manera sostenible, comprender cómo han evolucionado y continúan cambiando las actitudes y comportamientos de los consumidores hacia los insectos comestibles es fundamental para su integración exitosa en las dietas habituales. Incluso con los avances en tecnologías de cría de insectos y los sólidos argumentos a favor de su sostenibilidad y valor nutricional, el éxito final de esta industria emergente depende de si los consumidores están dispuestos a incorporar los insectos en su dieta regular.

Más que una moda o una curiosidad exótica, la entomofagia se perfila como una herramienta estratégica para enfrentar desafíos globales de alimentación, manejo de residuos orgánicos, salud y medioambiente. Este capítulo aborda aspectos clave que permiten entender puntos clave en la percepción del consumidor hacia los insectos comestibles, examinando los múltiples factores que influyen en la aceptación o el rechazo de esta fuente de alimento.

Entomofagia en una perspectiva evolutiva

La entomofagia tiene raíces profundas en la historia de la humanidad. Los insectos han formado parte de la dieta humana durante miles de años, con evidencia de su consumo encontrada en sitios arqueológicos prehistóricos. A lo largo de la historia, la entomofagia ha sido una práctica común en muchas culturas, particularmente en partes de África, Asia, América Latina y Oceanía. Los insectos ofrecían una fuente accesible de proteínas, grasas y micronutrientes esenciales. Eran fáciles de recolectar y abundaban en entornos naturales. Su consumo estaba profundamente ligado a la supervivencia. En algunas sociedades, los insectos eran considerados un manjar y estaban reservados para ocasiones especiales, mientras que, en otras, eran una fuente de alimento básico. Las raíces de la entomofagia varían según la cultura y la región, pero las razones comunes incluyen los beneficios nutricionales de los insectos, su abundancia y accesibilidad, y el significado cultural y religioso de ciertas especies [2].

En contraste con estas tradiciones milenarias, las sociedades occidentales han desarrollado históricamente una marcada aversión hacia la entomofagia. Su aceptación en Occidente enfrenta barreras significativas. Este rechazo parece tener raíces tanto evolutivas, relacionadas con mecanismos de supervivencia para evitar alimentos potencialmente contaminados, como culturales, por las cuales los insectos han sido asociados con suciedad, plagas y enfermedades. La ausencia histórica de su consumo ha reforzado estas percepciones, generando barreras psicológicas que vinculan la entomofagia con la pobreza, la marginalidad o las prácticas primitivas. Esta divergencia en las actitudes alimentarias pone de relieve el papel determinante de la cultura en la formación de hábitos y preferencias, y muestra el desafío que representa lograr la aceptación de los insectos como alimento en las sociedades occidentales.

Es importante reconocer que la aceptación de la entomofagia no es un fenómeno estático, sino en constante evolución. En los últimos años, se ha observado un cambio gradual en las percepciones, impulsado por una combinación de factores sociales, ambientales y nutricionales. La creciente preocupación por la sostenibilidad ha puesto en evidencia las ventajas ecológicas de la cría de insectos frente a la ganadería convencional. Al mismo tiempo, el reconocimiento del alto valor nutricional de muchas especies comestibles, ricas en proteínas, lípidos saludables y micronutrientes esenciales, ha despertado un interés renovado en su inclusión dentro de los sistemas alimentarios. Con una población mundial en continuo aumento, los insectos emergen como una fuente de proteína sostenible y accesible, capaz de contribuir significativamente a la seguridad alimentaria global.

Este renovado interés se refleja también en el crecimiento de la investigación académica sobre la entomofagia. En particular, una parte sustancial de la literatura reciente se ha centrado en explorar la aceptabilidad del consumo de insectos en contextos occidentales, donde históricamente ha predominado el rechazo. Diversos estudios han analizado la aceptación del consumo de insectos desde múltiples dimensiones, incluyendo factores sociodemográficos, psicológicos y comunicativos. Elementos como la aversión, la falta de familiaridad cultural y las experiencias personales influyen significativamente en las actitudes de los consumidores occidentales. No obstante, la literatura más reciente no solo documenta estas barreras, sino que también empieza a evidenciar indicios de transformación en la percepción pública, lo que sugiere un terreno cada vez más receptivo, aunque aún incipiente, para la adopción de la entomofagia. El reporte de la encuesta realizada en 2024 por Plataforma Internacional de Insectos para la Alimentación [3] (International Platform of Insects for Food and Feed, IPIFF) reveló que, si bien estas barreras aún persisten, existe un interés creciente en los alimentos a base de insectos.

Percepciones y actitudes del consumidor

Las percepciones de los consumidores sobre los insectos comestibles son diversas y complejas. En las sociedades occidentales, la entomofagia a menudo se asocia con la aversión. Esta se refiere a la respuesta emocional negativa y el rechazo a ciertos alimentos o sustancias y puede estar influenciado por experiencias culturales y personales. Esta aversión también puede atribuirse a factores como la neofobia alimentaria, que es el miedo a probar alimentos nuevos o desconocidos. Esta fobia juega un papel crucial en la determinación de la disposición de un individuo a consumir insectos. Sin embargo, es importante señalar que existe un interés creciente entre aquellos consumidores preocupados por el medioambiente y la salud. Estos consumidores reconocen el potencial de los insectos como una fuente sostenible de proteínas y están abiertos a considerar su inclusión en su dieta. Estudios como el desarrollado por Barton y colaboradores [4] en Canadá, si bien reconocen el interés por la sostenibilidad y el alto contenido proteico de los insectos, también destacan las barreras persistentes en los países occidentales, como la preocupación de que los insectos puedan ser portadores de microbios o toxinas.

Nervo y colaboradores [5] evaluaron la aceptación de siete especies de insectos comestibles por parte de consumidores occidentales, analizando sus preferencias, percepciones sensoriales, emociones y posibles combinaciones gastronómicas. Los insectos más aceptados en su estudio fueron las larvas de gusano de bambú (*bamboo worms*), las hormigas tejedoras (*weaver ants*) y los saltamontes (*grasshoppers*), mientras que las larvas del gusano del sagú (*sago worms*) fueron las menos valoradas. Se identificaron atributos sensoriales clave que influyen en la aceptación, como el sabor salado y el umami, aromas a cereales tostados y texturas crujientes, en contraste con sabores a pienso animal o tierra, que generaron rechazo. También se observaron diferencias emocionales y de maridaje según el género del consumidor. Estos hallazgos destacan la importancia de considerar la especie específica y sus propiedades sensoriales al desarrollar productos alimentarios a base de insectos, facilitando así su aceptación en mercados occidentales.

Factores que influyen en la aceptación

Aunque la repulsión sigue siendo una barrera importante, la familiaridad con los insectos y la información sobre sus beneficios pueden aumentar significativamente su aceptación. Esta depende de una interacción compleja entre factores sensoriales, culturales, informativos y demográficos, cuya influencia varía según el contexto y evoluciona con el tiempo. Integrar insectos en productos alimentarios familiares, educar a los consumidores sobre sus ventajas y respetar las preferencias culturales son estrategias clave para fomentar su adopción.

Factores sociodemográficos

Factores como la edad, el género y la nacionalidad influyen en la voluntad de comer insectos. Por ejemplo, se ha demostrado que los jóvenes están más dispuestos a comerlos que las personas mayores. Asimismo, algunos estudios han demostrado una actitud más positiva hacia la entomofagia en los hombres que en las mujeres. Vartiainen y colaboradores [6] encontraron que las mujeres, los estudiantes, los menores de 25 años, los que viven en zonas rurales y quienes no tenían experiencia previa en el consumo de insectos mostraron menos intención de consumir alimentos a base de insectos. Por su lado, el estudio realizado por Owidi y colaboradores [7] en comunidades rurales y urbanas de Kenia reveló que los consumidores rurales mostraron una mayor disposición a consumir insectos debido a su disponibilidad y tradición culinaria. Barreras como la aversión, la falta de conocimiento y las creencias culturales negativas limitaban la aceptación en áreas urbanas.

Las actitudes hacia los alimentos a base de insectos varían entre regiones europeas. Por ejemplo, Piha y colaboradores [8] reportaron que los consumidores finlandeses y suecos mostraban una actitud más positiva que los alemanes y checos. Estudios en Italia en diferentes regiones mostraron que los participantes del sur (una zona con arraigadas tradiciones culinarias) manifestaban una menor intención de consumir productos con insectos en comparación con los del centro y el norte del país. Además, se evidenció que la intención de consumir harina de insectos era significativamente mayor entre jóvenes adultos en los Países Bajos que en Italia.

Información y comunicación

La forma en que se transmite el mensaje sobre los insectos comestibles puede tener un impacto significativo en las actitudes del consumidor. La comunicación efectiva es crucial para superar el escepticismo y el desagrado asociados con la entomofagia. Varios estudios han demostrado que ofrecer información, tanto de forma escrita como en sesiones informativas, sobre los beneficios de la entomofagia afecta las percepciones de los consumidores y puede mejorar su voluntad de comer insectos. La información sobre el impacto ambiental y la sostenibilidad de la producción de insectos tiene también efectos positivos en la aceptación del consumidor. Los esfuerzos más efectivos para implementar la entomofagia han comenzado con la educación del consumidor sobre sus beneficios. Informar sobre las ventajas nutricionales, ambientales y económicas del consumo de insectos puede transformar la percepción pública y fomentar una mayor aceptación.

Características del producto

Algunas características tales como el sabor, la textura, la apariencia y la familiaridad juegan un papel fundamental en la aceptación del consumidor. Las preferencias varían entre las regiones y los individuos. Naranjo-Guevara y colaboradores [9] señalan la importancia de considerar las preferencias locales al desarrollar productos a base de insectos. Algunos estudios han observado que cuando los insectos se incorporan en preparaciones familiares pueden mejorar la aceptabilidad del consumidor de los productos a base de insectos, como albóndigas, galletas, hamburguesas o *pizza* elaboradas con proteína de insecto procesada. Por lo tanto, la familiaridad se ha considerado un predictor positivo de la voluntad de comer insectos. Asimismo, los consumidores se han mostrado más dispuestos a comer productos que contienen ingredientes de insectos menos visibles o más procesados. Estudios previos sugirieron integrar "insectos invisibles" en la preparación de alimentos o asociarlos con sabores atractivos o comunes como en pastas o barras de proteína. Sin embargo, ocasionalmente, combinar insectos con un producto familiar o más procesado no es suficiente para mejorar la aceptación. Participantes de encuestas han sugerido el desarrollo de productos como salsas, cereales y mezclas de especias a base de insectos, lo que indica una preferencia por productos en los que los insectos estén integrados de manera discreta (figura 11.1) [10]. En este contexto, la optimización de las experiencias sensoriales para los adoptantes tempranos es una estrategia clave. El informe generado por la IPIFF [3] apoya

Figura 11.1. Presentación comercial de diversos tipos de salsas preparadas con insectos.
Fotografía: José Manuel Pino Moreno.

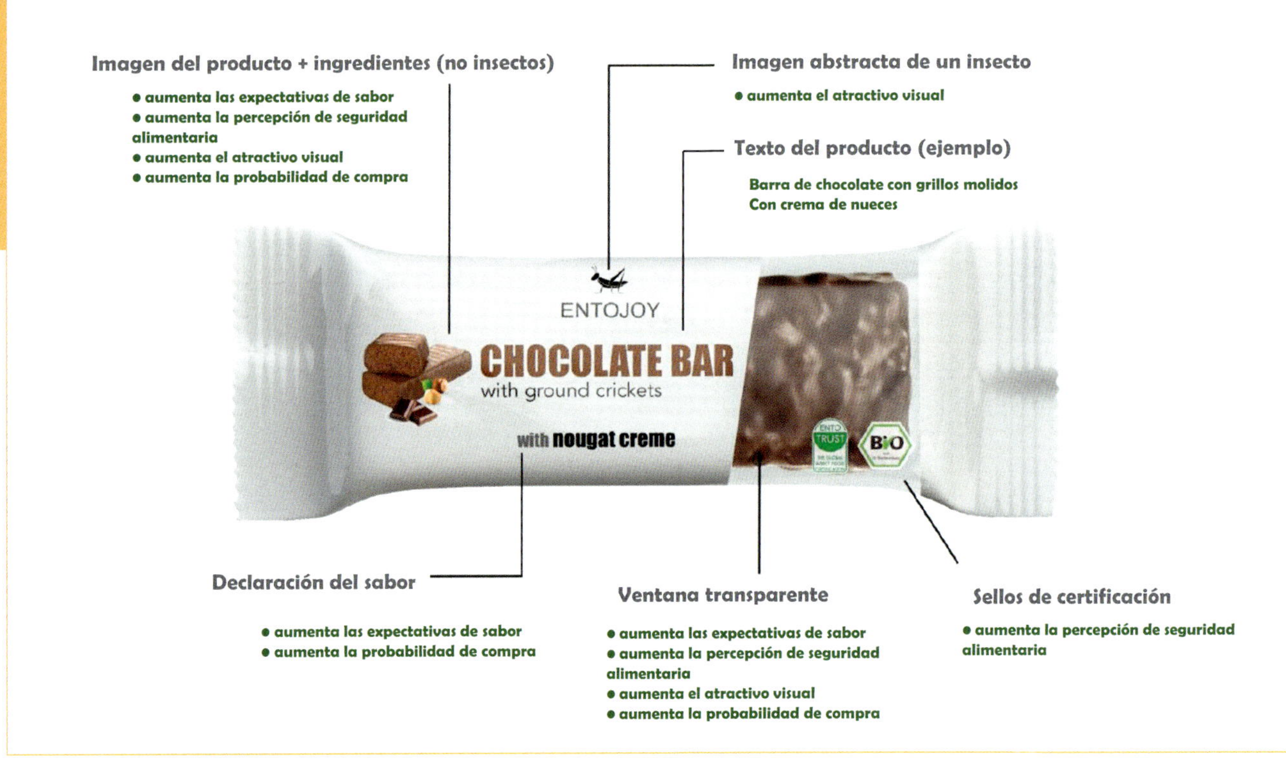

Figura 11.2. Prototipo de empaquetado y efecto de diferentes elementos de comunicación visual de una barra de chocolate a base de proteína de grillo.
Fuente: Adaptado al español de Naranjo-Guevara *et al.* (2023).

esta idea, indicando que la palatabilidad y la familiaridad de los productos han sido importantes impulsores de la aceptación.

El empaquetado, por su parte, cumple una función clave en la comercialización de alimentos, actuando como un "vendedor silencioso" que comunica confianza, calidad y valor al consumidor [12]. En el caso de los productos a base de insectos, donde la repulsión es una barrera significativa, el diseño del envase adquiere especial relevancia. Elementos como imágenes de ingredientes familiares, recetas conocidas y la ausencia de representaciones gráficas de insectos ayudan a reducir el rechazo y hacer el producto más atractivo. Además del diseño visual, la información contenida en el empaquetado tales como ingredientes, beneficios nutricionales, certificaciones de calidad o sellos orgánicos como el Ento puede mitigar la incertidumbre y aumentar la percepción de seguridad alimentaria. La transparencia del envase, que permite ver el contenido, también contribuye a disminuir el desagrado en ciertos consumidores (figura 11.2).

Curiosamente, se ha encontrado que en etapas tempranas de introducción al mercado los beneficios nutricionales o ambientales (como el alto contenido de proteína o la sostenibilidad) no resultan tan efectivos como los aspectos sensoriales y visuales para incentivar la aceptación [12]. Por ello, una estrategia de empaquetado centrada en la familiaridad, la claridad y la confianza puede ser clave para mejorar la receptividad del consumidor hacia los alimentos a base de insectos.

Factores psicológicos

Entre ellos, destaca la neofobia alimentaria. Este rasgo individual ha sido identificado como una de las principales barreras en la disposición a consumir insectos comestibles, actuando como un filtro que impide la exploración de opciones alimentarias innovadoras. Diversos estudios han demostrado que los individuos con altos niveles de neofobia presentan una menor intención de probar productos derivados de insectos, incluso cuando se les presentan argumentos racionales sobre sus beneficios nutricionales y ambientales.

No obstante, la influencia de la neofobia no ha sido estática ni definitiva. Intervenciones específicas han atenuado su efecto, por ejemplo, con la incorporación de insectos en alimentos conocidos, como se comentó anteriormente, para reducir el rechazo inicial, al disminuir la percepción de novedad y evitar el contacto visual directo con el insecto. Asimismo, el contexto social, las normas de grupo y las experiencias previas también pueden modular la respuesta neofóbica, especialmente cuando el consumo de insectos es percibido como una práctica aceptada o deseable por el entorno cercano. La percepción de los consumidores sobre las personas que consumen productos alimentarios a base de insectos también puede influir en la aceptación (figuras 11.3 y 11.4). Diversos estudios sugieren que estos consumidores pueden ser vistos como valientes, conscientes de la salud y respetuosos con el medioambiente. Estas impresiones positivas pueden contribuir a la normalización de la entomofagia y fomentar su adopción. Esta imagen positiva puede estar reforzándose, ya que los consumidores están cada vez más motivados por las consideraciones éticas y ambientales al considerar los alimentos a base de insectos [3].

Más allá de la neofobia, otros factores psicológicos influyen significativamente. Las motivaciones alimentarias individuales, como la preocupación por la salud, la sostenibilidad o la búsqueda de experiencias novedosas, orientan la disposición a incorporar insectos en la dieta. En particular, los consumidores con valores proambientales tienden a mostrar una mayor apertura hacia la entomofagia, al asociarla con prácticas alimentarias sostenibles y éticamente responsables.

Otro aspecto relevante es la ambivalencia en las actitudes. Los consumidores pueden simultáneamente reconocer los beneficios de la entomofagia y experimentar emociones negativas como el asco o la repulsión. Esta disonancia, documentada por Videbæk y Grunert [11], refleja una tensión entre la racionalidad y la emoción, y puede generar vacilación o rechazo. Sin embargo, investigaciones recientes [6] sugieren que esta ambivalencia puede resolverse a través de la exposición repetida, la normalización social y la provisión de información positiva que refuerce los aspectos deseables del consumo de insectos.

Por último, las emociones asociadas a la alimentación y las expectativas sensoriales (como el sabor, la textura y el aroma) también desempeñan un papel central en la aceptación. Si un producto basado en insectos genera expectativas negativas desde el punto de vista sensorial, es probable que sea rechazado, independientemente de su valor nutricional o ecológico. En este sentido, el diseño sensorial de los productos y la narrativa que los acompaña son fundamentales para promover actitudes favorables hacia la entomofagia.

Figura 11.3. Venta de escamol (*Liometopum apiculatum*) y de chapulines (*Sphenarium* spp.).
Fotografía: José Manuel Pino Moreno.

El papel de los Gobiernos en la aceptación del consumidor

El respaldo institucional mediante marcos normativos claros y basados en evidencia científica ha sido crucial para legitimar la entomofagia como práctica alimentaria segura en los países occidentales. La sola disponibilidad legal de productos derivados de insectos en el mercado no solo amplía las opciones alimentarias del consumidor, sino que además transmite confianza sobre su inocuidad y calidad. En la Unión Europea, la legislación ha sido fundamental para establecer criterios de seguridad y transparencia en la producción, procesamiento y comercialización de insectos comestibles.

Como se ha indicado en el capítulo 10 de este libro, la inclusión de los insectos como alimentos novedosos bajo el Reglamento (UE) 2015/2283 implica que solo pueden comercializarse tras una evaluación científica de su seguridad por parte de la EFSA (European Food Safety Authority) y autorización de la Comisión Europea. Hasta la fecha, se han autorizado especies como el gusano amarillo (*Tenebrio molitor*), el grillo doméstico (*Acheta domesticus*), la langosta migratoria (*Locusta migratoria*) y el gusano de la cama (*Alphitobius diaperinus*), bajo diversas formas como harina, polvo, congelado o seco (Reglamentos de Ejecución (UE) 2021/882, 2021/1975, 2022/169, 2022/188). Adicionalmente, el Reglamento (UE) 2016/429 considera a los insectos como animales de granja, lo que implica regulaciones estrictas sobre los sustratos de alimentación permitidos.

En Estados Unidos, los insectos destinados al consumo humano están regulados por la Food and Drug Administration (FDA) bajo la Food, Drug, and Cosmetic Act, lo cual implica

Figura 11. 4. Venta de chinicuiles o gusano rojo de maguey (Comadia redtembacheri).
Fotografía: José Manuel Pino Moreno.

que deben cumplir con buenas prácticas de manufactura y garantizar la inocuidad en todos los procesos, desde la producción hasta el etiquetado. Además, se contempla su autorización mediante los sistemas GRAS (Generally Recognized As Safe) o mediante una petición de aditivo alimentario (FAP), ambos diseñados para garantizar la seguridad del ingrediente para usos específicos. Estas regulaciones no solo cumplen con el objetivo de proteger la salud pública, sino que además son instrumentos clave para mejorar la percepción del consumidor. Al comunicar que los insectos han pasado por evaluaciones rigurosas y cumplen con estándares equivalentes a los de otros alimentos convencionales, se fortalece la confianza del público y se reduce la percepción de riesgo.

Perspectivas futuras y potencial de adopción generalizada

El futuro del consumo de insectos comestibles se perfila como prometedor, con múltiples señales que apuntan a una adopción cada vez más generalizada. Las proyecciones de mercado estiman un crecimiento sostenido del sector, impulsado por el reconocimiento creciente de los beneficios ambientales y nutricionales que ofrecen los insectos como fuente sostenible de proteínas. Su potencial para contribuir a la seguridad alimentaria global refuerza su posición dentro de los sistemas alimentarios del futuro. Además, ejemplos históricos como la popularización del *sushi* o la langosta, una vez considerados productos extraños o de bajo estatus, ofrecen una perspectiva alentadora sobre cómo pueden cambiar las percepciones alimentarias en Occidente.

En este contexto, la evolución del comportamiento del consumidor hacia los insectos comestibles representa una interacción compleja entre legados culturales, normas sociales, barreras psicológicas y factores emergentes. Si bien en muchas culturas del mundo su consumo es tradicional, en Occidente ha predominado históricamente una fuerte aversión. No obstante, se observa un cambio gradual en la percepción, impulsado por una mayor conciencia sobre su valor nutricional, su bajo impacto ambiental y su papel potencial frente a desafíos globales como el cambio climático y la inseguridad alimentaria.

A pesar de esta creciente concienciación, barreras profundamente arraigadas, como el desagrado o la neofobia, siguen representando obstáculos importantes. Superarlos requerirá un enfoque estratégico y multifacético. Aquí, la educación y la comunicación son fundamentales para corregir ideas erróneas y visibilizar los beneficios de la entomofagia. Paralelamente, la innovación en el desarrollo de productos, centrada en formatos atractivos y adaptados a diferentes grupos, facilitará su integración. Estrategias de *marketing* empáticas, que aborden directamente las preocupaciones del consumidor y refuercen los valores de sostenibilidad, salud y sabor, pueden acelerar la aceptación.

Además, la segmentación del consumidor revela diferencias claras en los niveles de aceptación según edad, región o estilo de vida, por lo que será clave adoptar enfoques personalizados. Con un esfuerzo sostenido en innovación, información y políticas públicas que respalden el desarrollo del sector, la entomofagia puede dejar de ser una curiosidad marginal para convertirse en una opción alimentaria reconocida, accesible y valorada por su contribución a un sistema alimentario más resiliente y sostenible.

Referencias

[1] Huis, A. van *et al.* (2013): *Edible insects: future prospects for food and feed security*, FAO, Roma.

[2] Olivadese, M. y Dindo, M. L. (2023): "Edible insects: A historical and cultural perspective on entomophagy with a focus on western societies", *Insects*, 14(8), p. 690.

[3] IPIFF EU (2024): "Consumer Acceptance of Edible Insects: Survey Report", https://n9.cl/lnc4g.

[4] Barton, A. *et al.* (2020): "Consumer attitudes toward entomophagy before and after evaluating cricket (Acheta domesticus) based protein powders", *Journal of Food Science*, 85(3), pp. 781-788.

[5] Nervo, C.; Ricci, M. y Torri, L. (2024): "Understanding consumers attitude towards insects as food: Influence of insect species on liking, emotions, sensory perception and food pairing", *Food Research International*, 182, p. 114174.

[6] Vartiainen, O. *et al.* (2020): "Finnish consumers' intentions to consume insect-based foods", *Journal of Insects as Food and Feed*, 6(3), pp. 261-272.

[7] Owidi, E. *et al.* (2025): "Consumer attitudes and perceptions on consumption of edible insects among communities in western Kenya", *PLOS ONE*, 20(2), p. e0318711.

[8] Piha, S. *et al.* (2018): "The effects of consumer knowledge on the willingness to buy insect food: An exploratory cross-regional study in Northern and Central Europe", *Food Quality and Preference*, 70, pp. 1-10.

[9] Naranjo Guevara, N. *et al.* (2021): "Consumer acceptance among Dutch and German students of insects in feed and food", *Food Science & Nutrition*, 9(1), pp. 414-428.

[10] Ranga, L.; Noci, F. y Dermiki, M. (2024): "Insect-Based Foods: A Preliminary Qualitative Study Exploring Factors Affecting Acceptance and New Product Development Ideas through Focus Groups", *Challenges*, 15(4), p. 40.

[11] Videbæk, P. N. y Grunert, K. G. (2020): "Disgusting or delicious? Examining attitudinal ambivalence towards entomophagy among Danish consumers", *Food Quality and Preference*, 83, p. 103913.

[12] Naranjo-Guevara, N.; Stroh, B. y Floto-Stammen, S. (2023): "Packaging communication as a tool to reduce disgust with insect-based foods: effect of informative and visual elements", *Foods*, 12(19), p. 3606.

Guadalupe Morales de León, Daniela Rivero Yeverino y Elisa Ortega Jordá Rodríguez

12. Reacciones alérgicas a los insectos comestibles

Introducción

Alrededor de dos mil millones de personas en el mundo consumen aproximadamente dos mil especies de insectos, y ya solo México concentra el 30%, dentro de los cuales se encuentran himenópteros (hormigas, escamoles, avispas, abejas), pentatómidos (jumiles), lepidópteros (gusanos de maguey), ortópteros (grillos, saltamontes, langostas) y hemípteros (axayácatl) (figura 12.1).

Teniendo en cuenta la sostenibilidad a nivel mundial, los insectos comestibles han ganado gran interés como una opción de fuentes alimentarias. Sin embargo, es importante tener en cuenta las reacciones alérgicas causadas por el consumo de insectos, tema que abordaremos a lo largo de este capítulo.

¿Qué es una alergia?

Una alergia es una respuesta exagerada del sistema inmunitario frente a sustancias que se encuentran en nuestro medio y que normalmente son inocuas; las sustancias que detonan estas respuestas alérgicas se denominan alérgenos.

Es importante saber que el árbol filogenético clasifica los insectos como parte del filo artrópodos, lo que los asocia estrechamente con otras especies alergénicas, como los camarones, las gambas, las cucarachas y los ácaros cacahuete.

Figura 12.1. Gusano de maguey y chapulines: insectos comestibles de consumo local en México.
Fotografías: Guadalupe Morales de León.

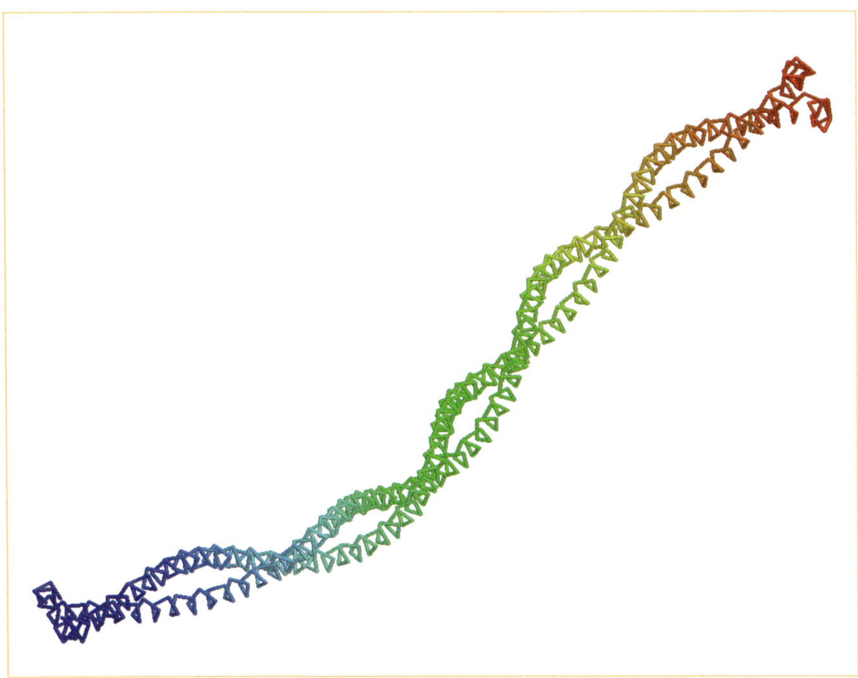

Figura 12.2. Estructura de la tropomiosina.
Fuente: Wikimedia Commons.

¿Cuáles son los principales alérgenos de insectos comestibles?

Para comprender las reacciones alérgicas a los insectos comestibles, es importante conocer los principales alérgenos, como la tropomiosina y arginina cinasa (figuras 12.2 y 12.3).

La tropomiosina es una proteína considerada panalérgeno porque está presente en múltiples especies y fuentes como el gusano de harina, grillo, gusano de seda, crustáceos, moluscos, cefalópodos, ácaros del polvo, cucaracha, parásitos nematodos como anisakis simple, áscaris lumbricoides, etc., pudiendo causar reacción alérgica en personas sensibles [3].

La arginina cinasa es un alérgeno que se ha identificado en grillos, langostas de Bombay, gusanos de harina, gusanos de seda, ácaros polvo, cucarachas, camarones y polillas [2].

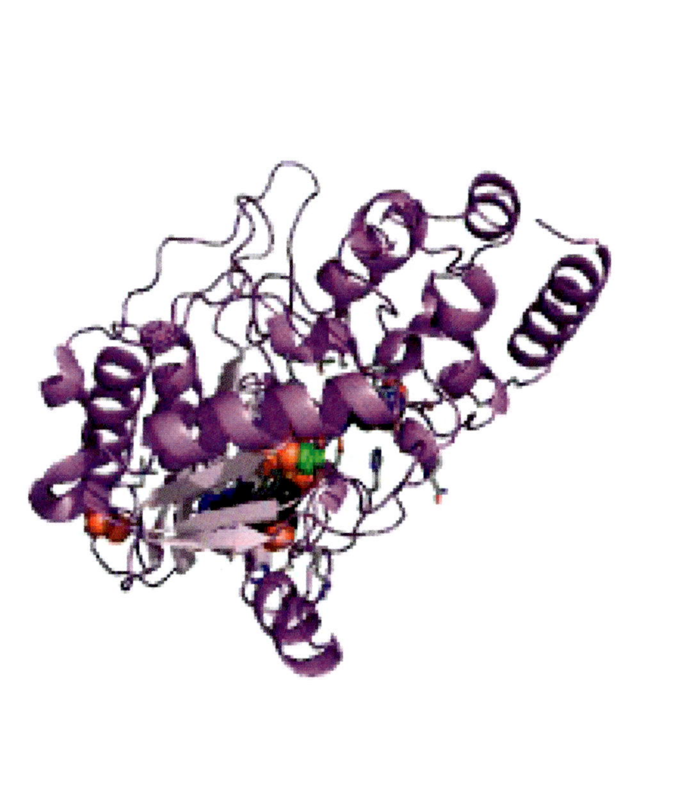

Figura 12.3. Composición molecular y estructura de la arginina cinasa.
Fuente: Depositphotos.

De las diversas formas reconocidas de estos alérgenos, solo los determinantes antigénicos de la polilla de la seda (*Bombys mori*): Bomb m 1, arginina cinasa, y Bomb m 3, tropomiosina, son reconocidos por la Organización Mundial de la Salud y la Unión Internacional de Sociedades Inmunológicas en la base datos de alérgenos alimentarios [3].

Además de los ya mencionados, se han señalado otras proteínas potencialmente alergénicas como la 27-kDa glicoproteína, quitinasa y paramiosina, hexamerin 1B [3].

¿Cuál es la prevalencia de alergia a insectos comestibles?

La mayoría de las investigaciones sobre alergia a los insectos se han centrado en la alergia ocupacional o por inhalación. Sin embargo, la investigación sobre la seguridad alimentaria de los insectos, incluida la alergenicidad, es de suma relevancia para su consumo.

Existen reportes de estudios de reacciones alérgicas autoinformadas de entomofagia que revelan una prevalencia del 12,9%.

En México, el ámbito de alergias alimentarias, el reporte de alergia a insectos comestibles es bajo, sin embargo, es importante tenerlo en cuenta en el diagnóstico de alergias alimentarias, debido a que es un país considerado con una gran diversidad y tradición en el consumo de insectos [1,8].

¿Cómo se desarrolla la alergia a insectos comestibles?

Los insectos comestibles al ingerirlos nos proporcionan nutrientes. La respuesta normal del organismo a su ingesta es inducir tolerancia; sin embargo, en determinadas personas al ingerir insectos comestibles su sistema inmunitario percibe estos alimentos como sustancias dañinas reaccionando de forma exagerada, lo cual puede provocar síntomas como dolor abdominal, diarrea, vómitos y erupciones cutáneas.

Hay que tener en cuenta que la falta de inducción de tolerancia a los alimentos puede estar condicionada por diversas causas; entre ellas se encuentran factores genéticos, alteraciones en la integridad de la barrera intestinal y alteraciones en la microbiota intestinal denominada disbiosis.

La alergia alimentaria es una reacción del sistema inmunitario que puede ocurrir por diferentes mecanismos inmunológicos.

Tipos de alergia alimentaria

Existen diferentes mecanismos de alergia alimentaria, las cuales se describen a continuación:

- Alergia mediada por inmunoglobulina E (IgE): es una reacción inmunológica que ocurre cuando el cuerpo produce anticuerpos IgE en respuesta a un alimento específico, el cual provoca reacciones inmediatas.
- Alergia no mediada por IgE: es una reacción inmunológica que no involucra anticuerpos IgE, provocando respuestas tardías.
- Alergia mixta: es una combinación de ambos tipos de reacciones.

En la alergia mediada por inmunoglobulina E (IgE), el sistema inmunitario genera una respuesta de anticuerpos IgE frente al alérgeno alimentario; a esta primera reacción se le denomina sensibilización; posteriormente estos anticuerpos IgE se fijan en la superficie de las células que participan en las respuestas alérgicas (principalmente mastocitos y basófilos). Cuando el organismo se encuentra sensibilizado y vuelve a tener contacto con dichos alérgenos, estos se unen a la IgE de superficie de mastocitos y basófilos, que producen y liberan histamina y mediadores proinflamatorios, los cuales son orquestadores de la respuesta alérgica [10].

Alergia a insectos comestibles

La alergia alimentaria a los insectos puede ser primaria, es decir, al contacto del sistema inmunológico con el alérgeno alimentario, lo que desencadena la producción de anticuerpos IgE específicos para ese alérgeno y puede ocurrir a través de diversos medios, como la ingestión, el contacto con la piel o la inhalación del alérgeno; sin embargo, algunos insectos pueden causar reacciones alérgicas debido a la presencia de proteínas similares en diferentes invertebrados. Esto se conoce como reactividad cruzada y ocurre cuando el sistema inmunológico confunde proteínas similares en diferentes alimentos. En el caso de los insectos comestibles, las proteínas similares pueden estar presentes en otros invertebrados, como mariscos o ácaros del polvo. Esto significa que si alguien es alérgico a mariscos o ácaros del polvo, también puede ser alérgico a algunos insectos comestibles (figura 12.5).

La reactividad cruzada ocurre cuando el sistema inmunológico reacciona a proteínas como la tropomiosina presente en los crustáceos, ácaros del polvo y gusanos de la harina, así como en los insectos comestibles. En este caso, la sensibilización primaria ocurre

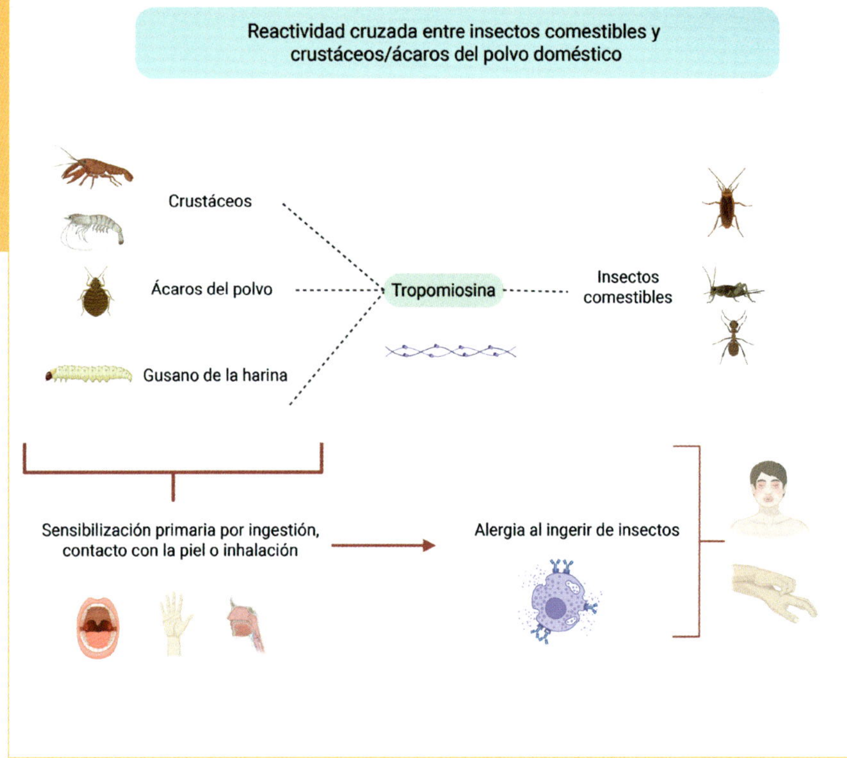

Figura 12.5. Reactividad cruzada entre insectos comestibles y crustáceos/ácaros del polvo doméstico.
Fuente: BioRender.

mediante el contacto por ingestión cutánea o inhalada de los crustáceos y ácaros, provocando una reacción al ingerir insectos comestibles.

Los insectos, como el gusano de la harina, pueden causar reacciones alérgicas. Existen estudios que refieren que la proteína de la cutícula de la larva podría ser un alérgeno importante en la alergia primaria al gusano de la harina. En pacientes con alergia cruzada al gusano de la harina, las proteínas tropomiosina y arginina quinasa son los alérgenos implicados con mayor frecuencia. También se han identificado otros alérgenos, como la actina, con riesgo de reactividad cruzada entre los crustáceos y el gusano de la harina.

Un estudio reciente encontró que algunas personas pueden ser alérgicas a insectos comestibles sin haberlos comido antes; específicamente, la proteína tropomiosina de moluscos y cucarachas mostró una asociación positiva con la reactividad a todos los insectos comestibles estudiados. Esto sugiere que la sensibilización primaria, es decir, la exposición a los insectos sin haberlos comido antes puede jugar un papel importante en la alergia a insectos comestibles [6].

Importancia de la caracterización de los alérgenos

A nivel mundial se reporta un aumento en el consumo de insectos comestibles, aunque existe preocupación sobre reacciones alérgicas graves, como la anafilaxia, potencialmente mortal. Por ello, es importante caracterizar los alérgenos específicos de cada insecto para entender mejor los riesgos de alergia asociados con la entomofagia. Esto puede ayudar a los médicos a tratar de manera personalizada a los pacientes con alergias a moluscos, gasterópodos y artrópodos que deseen consumir insectos [4,7,9].

Importancia del procesamiento y la cocción

Es importante tener en cuenta que el procesamiento y la cocción de los alimentos pueden alterar las proteínas, lo que puede afectar a la reacción alérgica.

En un estudio se encontró que el procesamiento térmico, como la ebullición o la fritura, de cinco insectos comestibles (gusano de la harina, gusano búfalo, gusano de seda, grillo y saltamontes) afectan al reconocimiento cruzado de IgE de las proteínas de estos insectos. En este sentido, la tropomiosina se caracteriza como una proteína termoestable y resistente a la digestión, manteniendo su capacidad de unirse a la IgE incluso tras un largo periodo de calentamiento. De manera similar, la glicoproteína de 27 kDa también se considera estable al calor. Por lo tanto, los pacientes alérgicos a los ácaros del polvo doméstico, los camarones y el gusano de la harina deben consumir insectos con precaución, incluso después del procesamiento térmico [4,5].

Además, es fundamental considerar el impacto de los métodos de procesamiento en la alergenicidad de los insectos tanto los químicos (pasteurización, fermentación y deshidratación) como los físicos (liofilización, molienda y congelación). Estos procesos pueden alterar su poder alergénico, ya sea su reducción mediante la desnaturalización de las proteínas responsables o su aumento al crear nuevos determinantes antigénicos o al exponer los previamente existentes [5].

Una práctica común en la entomofagia es la incorporación de los insectos en otros alimentos, creando una matriz alimentaria en la que se vuelven prácticamente indistinguibles, con el fin de reducir el impacto de su consumo. Sin embargo, estas modificaciones también pueden influir en su capacidad para desencadenar una reacción alérgica a personas susceptibles [10].

¿Cuáles son las manifestaciones clínicas de las reacciones alérgicas a insectos comestibles?

La sintomatología que ocasiona la alergia alimentaria depende del mecanismo inmunopatológico involucrado, es decir, la forma en que nuestro cuerpo reconoce y responde frente a sustancias que parecen extrañas. Los síntomas pueden ser, como ya se ha indicado, inmediatos o tardíos. La sintomatología inmediata se presenta en las primeras dos horas de la ingesta y la tardía puede manifestarse después de la segunda hora y hasta las 72 horas siguientes.

Las reacciones alérgicas desencadenadas por la ingesta de insectos comestibles pueden afectar a diversos órganos y sistemas: piel, sistema respiratorio, sistema digestivo, sistema cardiovascular. Las manifestaciones más comunes son cutáneas, como la urticaria con ronchas, prurito e inclusive angioedema (figura 12.6). Sin embargo, el paciente puede presentar síntomas respiratorios, gastrointestinales y también una reacción alérgica grave en todo el cuerpo que se conoce como anafilaxia.

En países occidentales se han reportado casos de anafilaxia tras la ingestión de insectos en pacientes que no habían tenido reacciones alérgicas previas a los insectos. En Europa y en Estados Unidos, se han descrito reacciones alérgicas al carmín, un colorante rojo que se obtiene de las hembras desecadas del insecto *Dactylopius coccus Costa* (cochinilla). Este pigmento se utilizar en muchos productos alimenticios (dulces, yogur, etc.), y es capaz de provocar reacciones adversas y causar síntomas como náuseas, urticaria y rinitis, e incluso anafilaxia grave [5].

¿Cómo se realiza el diagnóstico?

Es indispensable realizar un diagnóstico preciso, debido a que la dieta de evitación o de exclusión de los alimentos que desencadenan la reacción alérgica es la base fundamental para evitar reacciones futuras. Para el diagnóstico de alergia alimentaria a insectos comestibles es preciso realizar una

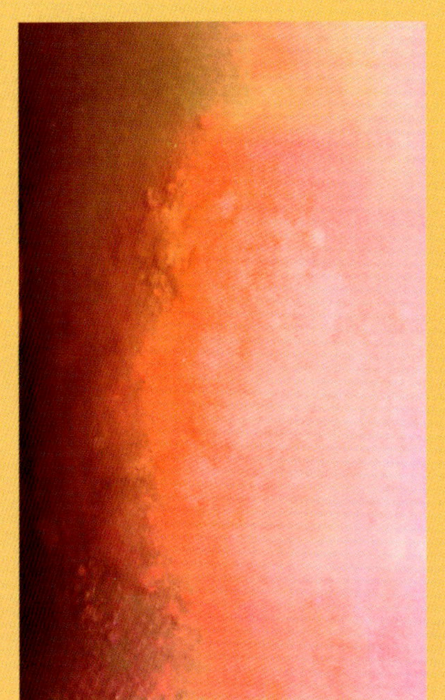
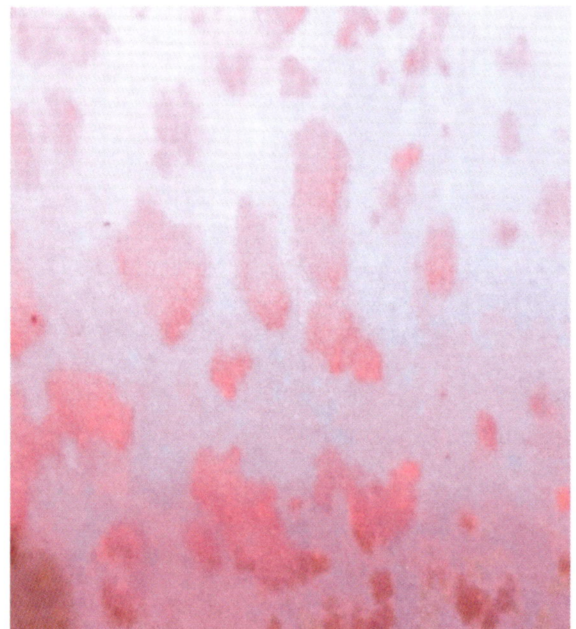
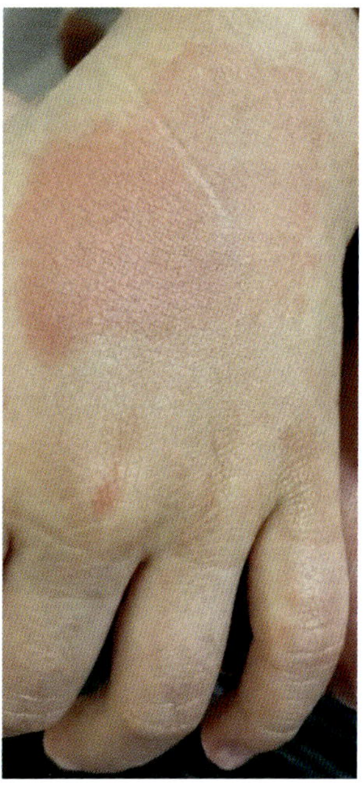

Figura 12.6. Lesiones cutáneas posterior a la ingesta de chapulines.
Fotografías Guadalupe Morales de León.

historia clínica detallada; es importante indagar en los síntomas presentados, el número de eventos de reacciones presentadas, el tiempo transcurrido desde la ingesta hasta la aparición de síntomas, o los antecedentes de alergia.

Si el paciente refiere síntomas relacionados a la ingesta de insectos comestibles, se debe demostrar el mecanismo involucrado mediado por IgE. Para ello se pueden realizar pruebas cutáneas o mediante la determinación de IgE específica.

El reto oral es la prueba más precisa para el diagnóstico de alergia alimentaria, dicha prueba se debe realizar por personal médico capacitado para tratar reacciones alérgicas graves [10].

Tratamiento

El tratamiento principal es la restricción del alimento, con las implicaciones que esto ocasiona.

Posteriormente a la prescripción de una dieta de restricción, se tiene que indicar un medicamento de rescate para tratar la ingesta accidental, además de instruir al paciente en la identificación de signos y síntomas que pongan en peligro su vida.

Existen alérgenos recombinantes (es decir, modificados genéticamente) de cucarachas, gusanos de seda y polillas indias de la harina, lo que ofrece oportunidades para futuras investigaciones sobre diagnóstico de alergia a insectos comestibles y la posibilidad a investigar candidatos a tratamiento con inmunoterapia. También es importante examinar los cambios que se generan en las proteínas de los insectos durante el procesamiento o la cocción de los alimentos, con el objetivo de comprender el mecanismo inmunopatológico de las alergias alimentarias a los insectos comestibles y futuros tratamientos [9,10].

Referencias

[1] Chomchai, S. *et al.* (2020): "Prevalence and cluster effect of self-reported allergic reactions among insect consumers", *Asian Pacific Journal of Allergy and Immunology*, 38(1), pp. 40-46.

[2] Marchi, L. de; Wangorsch, A. y Zoccatelli, G. (2021): "Allergens from edible insects: Cross-reactivity and effects of processing", *Current Allergy and Asthma Reports*, 21.

[3] Hoffman, K. *et al.* (2022): *Molecular Allergology User's Guide 2.0*, John Wiley & Sons, Hoboken.

[4] Jeong, K. Y. y Park, J. W. (2020): "Insect allergens on the dining table", *Current Protein and Peptide Science*, 21(2), pp. 159-169.

[5] Lamberti, C. *et al.* (2021): "Thermal processing of insect allergens and IgE cross-recognition in Italian patients allergic to shrimp, house dust mite and mealworm", *Food Research International*, 148, 110567.

[6] Liceaga, A. M. (2021): "Processing insects for use in the food and feed industry", *Current Opinion in Insect Science*, 48, pp. 32-36.

[7] Mankouri, F. *et al.* (2021): "Immediate hypersensitivity to mealworm and cricket: Beyond shrimp and house dust mite cross-reactivity", *Journal of Investigational Allergology and Clinical Immunology*, 32(1), pp. 64-66.

[8] Medina Hernández, A. *et al.* (2023): *Alergia alimentaria: de la teoría a la práctica*, Graphimedic, Ciudad de México, pp. 70-93.

[9] Ribeiro, J. C. *et al.* (2018): "Allergic risks of consuming edible insects: A systematic Review", *Molecular Nutrition & Food Research*, 62(1), p. 1700030.

[10] Rivero Yeverino, D. *et al.* (2024): *Alergia alimentaria: de la teoría a la práctica*, Graphimedic, Ciudad de México, pp. 308-328.

Tatiana Pintado y Gonzalo Delgado-Pando

13. Los insectos y la industria alimentaria

Introducción

La industria alimentaria busca constantemente innovar para diversificar su catálogo de productos. Este impulso responde tanto al interés por atraer nuevos consumidores como a la necesidad de adaptarse a las demandas emergentes del mercado. En este contexto, la sostenibilidad se ha consolidado como uno de los ejes estratégicos más relevantes, especialmente ante la creciente preocupación por el cambio climático y el impacto ambiental asociado a la producción de alimentos.

En la actualidad, el consumo de insectos está despertando un nuevo interés dada la necesidad de preservar los recursos agrícolas para alimentar a los nueve mil millones de habitantes del mundo previstos para 2050 y obtener una reducción del impacto ecológico de los alimentos de origen animal. Por su parte, las administraciones (Gobierno de España, Agencias Europeas, etc.), tanto por su calidad nutricional como por el bajo impacto que su producción implica, están haciendo especial hincapié para promocionar o presentar el consumo de insectos como fuente alternativa de proteína.

A lo largo del capítulo queremos mostrar cómo la industria alimentaria y la ciencia afrontan este reto, desde las posibilidades que ofrecen los insectos como ingredientes hasta productos ya elaborados con ellos y las ventajas que ofrecen frente a alimentos similares hechos con ingredientes tradicionales.

¿Qué aprovecha la industria alimentaria de los insectos?

El consumo de insectos, además de la atención que despierta por cuestiones de sostenibilidad, es una fuente interesante de nutrientes. Cabe destacar su contenido proteico, pero no hay que olvidarse de la presencia de grasa rica en ácidos grasos insaturados, fibra, vitaminas (Riboflavina (B2), ácido pantoténico (B5) o biotina), y minerales (calcio, fósforo, potasio o magnesio). No obstante, esta composición nutricional está condicionada según el tipo de insecto del que se trate, su etapa de desarrollo (larva, adulto, etc.) o también de su alimentación.

La transformación de los insectos en ingredientes alimentarios que han mejorado su inocuidad se ha llevado a cabo mediante distintas tecnologías, aunque el secado y la liofilización son las más empleadas. Además, resulta interesante un tratamiento previo de escaldado, ya que se consigue minimizar la carga microbiológica e inactivar las enzimas responsables del deterioro bioquímico. Se logra así potenciar la inocuidad del alimento y aumentar su vida útil.

La preparación de harinas a partir de insectos comestibles es una práctica habitual que pretende sacar provecho de la riqueza de nutrientes que estos presentan. Estas harinas se obtienen mediante distintos procesos que permiten modular su composición y, por ende, su perfil nutricional. Una práctica habitual es desengrasarlas para reducir su contenido energético y prolongar al mismo tiempo su vida útil al reducir la posibilidad de que se den procesos de oxidación.

En general, las harinas se caracterizarán por su contenido proteico (figura 13.1). El contenido de proteína en los insectos oscila entre el 30% y el 40% del total de su peso, aunque puede superar el 50%. En términos de calidad proteica, la proteína de insecto posee una digestibilidad adecuada y contiene todos los aminoácidos esenciales, que son aquellos que nuestro organismo no es capaz de sintetizar y que, por ello, es necesario que se incorporen a través de la dieta.

En vista de que el consumidor occidental tiene reticencias para incluir a los insectos en sus menús, una de las alternativas que se contempla es la extracción, purificación y uso de proteínas de insectos como aditivos alimentarios. Sin embargo, es difícil establecer un protocolo general de procesamiento de estas proteínas debido a las particularidades que cada especie presenta según su tamaño, cultivo y reproducción, etapas de vida, contenido de proteínas y digestibilidad, así como la disponibilidad de aminoácidos. La extracción de proteínas y su posterior procesamiento no solo alteran la composición de las fracciones enriquecidas con proteínas, sino que también provocan cambios en las características y propiedades tecnofuncionales de las proteínas de insectos. Estas propiedades tecnofuncionales son importantes para la elección del producto final, junto con su calidad nutricional, propiedades sensoriales y seguridad. Como tal, la aplicabilidad de los ingredientes a base de insectos también se extiende a los aislados de proteínas, que son muy apreciados para la nutrición deportiva.

Otra área que despierta interés es la obtención de ingredientes funcionales, y no solo para alimentos sino también para el sector farmacéutico o de alimentación animal. Entre ellos, destaca la quitina, el ácido oleico o péptidos bioactivos que han sido extraídos y purificados para ser incorporados en matrices alimentarias a fin de obtener alimentos funcionales. No obstante, la ampliación de estos procesos a nivel industrial sigue siendo demasiado costosa.

Los insectos como ingredientes en la industria alimentaria

Los insectos aparecieron en el radar de la industria alimentaria hace ya unos cuantos años debido a su interesante perfil nutricional. Pero no ha sido hasta hace una década cuando la preocupación por la sostenibilidad ha hecho que el

Figura 13.1. Harina de grillo.
Fotografía: Depositphotos.

Figura 13.2. Ejemplares de *Acheta domesticus*.
Fotografía: José María Hernández.

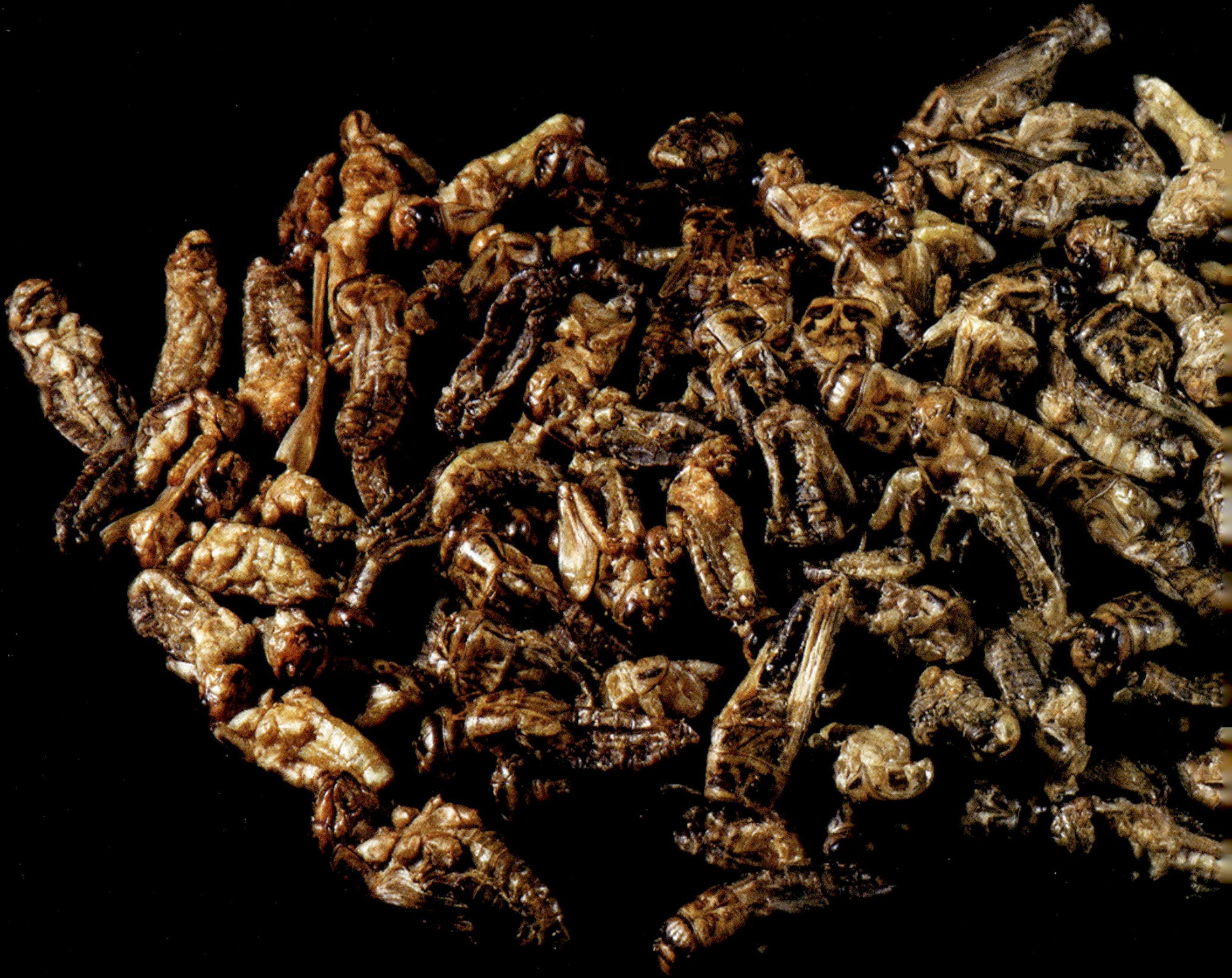

mundo occidental esté tratando de incluir, poco a poco, a los insectos en sus dietas. Uno de los principales desafíos del uso de insectos como ingredientes es el rechazo por parte de los consumidores, especialmente en culturas donde su consumo no forma parte de la tradición gastronómica, como es el caso de España y de la Unión Europea. Esta barrera sensorial y cultural ha llevado a la industria a buscar formas de incorporar los insectos que mejoren esa aceptabilidad, evitando su presentación visual directa y apostando por formatos que los integren de forma discreta. Además de la aceptabilidad de consumidor, también se considera fundamental garantizar la viabilidad tecnológica, es decir, que los ingredientes derivados de insectos sean seguros, estables y funcionales dentro de los distintos alimentos.

Como ya se ha comentado, una forma de incorporar insectos como ingredientes es la de harina de insecto. Esta se obtiene tras un proceso de secado y molienda del insecto entero. El problema es que las propiedades tecnológicas de la proteína de esta harina pueden verse afectadas por la quitina, una sustancia fibrosa que forma parte del exoesqueleto del insecto. Para superar este inconveniente, se desarrollan hidrolizados de proteína de insecto mediante un proceso de hidrólisis con enzimas, similar al que se emplea en la obtención de los aislados de proteína de soja o lactosuero. Además, también se utilizan aceites derivados de insectos e incluso extractos funcionales como pigmentos naturales, antioxidantes o fibra derivada de la quitina. Esta versatilidad permite adaptar la incorporación de insectos a distintos tipos de productos alimentarios, desde los derivados de los cereales hasta preparados cárnicos o bebidas enriquecidas.

En el caso de los productos de panadería, el principal uso de los insectos consiste en su incorporación como ingrediente para aumentar el contenido proteico, así como el aporte de fibra, minerales y vitaminas. Los estudios realizados en esta categoría se han centrado principalmente en la elaboración de pan, especialmente de trigo, aunque también se han explorado otras aplicaciones como galletas, magdalenas, aperitivos o tortillas de maíz. En el caso del pan, se han desarrollado formulaciones con hasta un 10% de harina de insecto sin que se vean afectadas negativamente la aceptabilidad sensorial ni la calidad del producto. En el resto de productos, los resultados han sido satisfactorios con porcentajes de incorporación que rondan el 5%.

Hasta la fecha, se han evaluado más de veinte especies de insectos para este tipo de aplicaciones, entre las que el grillo doméstico (*Acheta domesticus*) y el gusano de la harina (*Tenebrio molitor*) son las que más se utilizan (figuras 13.2 y 13.3). Una de las principales limitaciones técnicas es el cambio de coloración en la corteza del pan tras el horneado, que difiere visiblemente de la de los productos elaborados sin insectos. Sin embargo, este efecto no parece afectar a la textura ni al volumen, y en proporciones adecuadas tampoco se ha registrado un impacto negativo en el sabor. Además, en muchos casos, los cambios de color no son percibidos como un defecto por parte del consumidor.

Desde el punto de vista nutricional, la incorporación de harina de insecto puede suponer mejoras significativas en el perfil del producto final, con incrementos de hasta un 86% en el contenido proteico, un 642% en fibra, un 50% en hierro y un 88% en zinc en comparación con las formulaciones tradicionales.

En el caso de los derivados cárnicos, los insectos se han utilizado como una fuente proteica sostenible capaz de sustituir parcialmente la carne. A diferencia de otras aplicaciones en las que se busca mejorar el perfil nutricional del producto final, en este caso la motivación principal es la sostenibilidad. La idea es sencilla: si se logra desarrollar, por ejemplo, una salchicha con un porcentaje de insecto que mantenga las mismas características sensoriales que la versión tradicional, pero utilizando la mitad de carne, se estaría obteniendo un producto significativamente más sostenible.

Figura 13.3. Ejemplares de *Tenebrio molitor*.
Fotografía: José María Hernández.

Figura 13.4. Barrita proteica caramelo elaborada con harina de grillo.
Fotografía: Gonzalo Delgado-Pando y Tatiana Pintado.

El insecto más estudiado para este tipo de aplicaciones ha sido el gusano de la harina (*Tenebrio molitor*). Se han evaluado sustituciones de hasta un 20% de la carne por harina de insecto, con resultados dispares. Los principales retos detectados son la modificación de la textura y del sabor, aunque también se ha observado que la incorporación de insectos puede mejorar la estabilidad de las emulsiones y reducir las pérdidas por cocción, lo cual es favorable desde el punto de vista tecnológico.

Además, los insectos también se han empleado en el desarrollo de análogos de carne, es decir, productos que imitan las características sensoriales de los productos cárnicos convencionales, pero sin utilizar carne animal. En estos casos, los desafíos tecnológicos persisten, especialmente en lo que respecta a la textura, que aún no logra igualar la de los productos tradicionales.

Más allá de los productos de panadería y los derivados cárnicos, también se ha estudiado la incorporación de insectos en otros tipos de productos alimentarios. Es el caso de las barritas proteicas (figura 13.4), dirigidas principalmente a consumidores interesados en la nutrición deportiva o en dietas con un alto contenido proteico. En estos productos, la harina de insecto se valora por su densidad nutricional y su facilidad de integración, aunque todavía no logra convencer desde el punto de vista sensorial cuando se compara con productos convencionales.

Asimismo, se ha explorado su uso en productos lácteos fermentados en los que insectos como el zángano de abeja o la mosca soldado negra se han utilizado como sustitutos parciales de la leche en polvo. No obstante, este campo aún requiere mayor investigación, tanto en lo que respecta a la aceptación del consumidor como a la viabilidad tecnológica de estas formulaciones.

Insectos para el envasado de alimentos

El uso de plásticos derivados del petróleo en el envasado de alimentos representa una de las principales fuentes de contaminación ambiental. Estos materiales, aunque eficaces y económicos, son altamente persistentes en el medioambiente, tardando décadas o incluso siglos en degradarse. Dado que la mayoría de los envases alimentarios actuales son de plástico, la industria busca alternativas más sostenibles que reduzcan el impacto ecológico sin comprometer la seguridad y la calidad de los productos.

Entre las alternativas al plástico tradicional destacan los llamados bioplásticos, una categoría amplia que engloba materiales elaborados a partir de fuentes renovables o que son biodegradables. Conviene destacar que no todos los bioplásticos son necesariamente biodegradables y que no todos los materiales biodegradables son de origen biológico. Esta distinción es clave a la hora de evaluar su impacto ambiental. Además, algunos están compuestos por poliésteres biodegradables no comestibles, como el ácido poliláctico (PLA), mientras que otros se basan en biopolímeros comestibles, extraídos de carbohidratos (almidón, celulosa), proteínas (caseína, gelatina, soja) o lípidos. Estos biopolímeros comestibles permiten desarrollar películas y recubrimientos que pueden aplicarse directamente sobre los alimentos o usarse como parte de envases comestibles o solubles. Su interés no radica solo en su origen renovable, sino también en que pueden ser consumidos junto con el alimento o biodegradarse fácilmente sin dejar residuos persistentes, lo que los convierte en una opción particularmente atractiva para productos frescos, individuales o de consumo rápido.

En este contexto, los insectos han surgido como una fuente prometedora de biopolímeros, especialmente de quitina, un polisacárido estructural presente en el exoesqueleto de los artrópodos. A diferencia de los crustáceos, que tradicionalmente han sido la fuente principal de quitina, los insectos ofrecen una alternativa más sostenible y con un menor riesgo de alérgenos. Mediante un proceso de desacetilación, la quitina se transforma en quitosano, un material biodegradable, no tóxico y con propiedades antimicrobianas y antioxidantes. Estas características lo convierten en un candidato ideal para la fabricación de películas y recubrimientos comestibles en el envasado de alimentos. Actualmente, la mayoría de los estudios se encuentran en fase de investigación, sin producción a gran escala de estos biopolímeros derivados de insectos. Sin embargo, proyectos como QUITINSECT están explorando la extracción a gran escala de quitina y quitosano a partir de especies como *Tenebrio molitor*, con el objetivo de desarrollar envases alimentarios más sostenibles y funcionales.

Además de la quitina y el quitosano, se está investigando el uso de ceras producidas por insectos como recubrimientos hidrofóbicos en alimentos. Estas ceras pueden actuar como barreras contra la humedad y mejorar la conservación de productos frescos. Aunque las ceras de origen vegetal, como la cera de carnauba, son más comunes, las ceras de insectos (como cera de abeja o cera shellac) ofrecen propiedades similares. De hecho, la cera de abeja se utiliza en recubrimientos comestibles para frutas y verduras, mejorando su conservación y reduciendo la pérdida de humedad durante el almacenamiento. Mezclas de estas podrían representar una alternativa sostenible en el futuro.

Otra línea de investigación se centra en la extracción de compuestos antimicrobianos presentes en los insectos para incorporarlos en materiales de envasado. Estos compuestos podrían ayudar a prolongar la vida útil de los alimentos al inhibir el crecimiento de microorganismos patógenos. Aunque esta área aún está en desarrollo, los resultados preliminares son prometedores y podrían conducir a la creación de envases activos que contribuyan a la seguridad alimentaria.

Figura 13.5. (A) *Snacks* a base de grillo (*Acheta domesticus*) y (B) gusano de la harina (*Tenebrio molitor*) (derecha). Insectos desecados, sabor natural, listos para consumo.
Fotografía: Gonzalo Delgado-Pando y Tatiana Pintado.

Entre estos compuestos destacan los péptidos antimicrobianos, que actúan alterando las membranas celulares de bacterias y hongos. Estas sustancias, propias del sistema inmune de muchos insectos, podrían incorporarse en envases activos con capacidad de inhibir el crecimiento microbiano.

En resumen, los insectos ofrecen un abanico de posibilidades en el desarrollo de materiales de envasado sostenibles y funcionales. Aunque la mayoría de estas aplicaciones se encuentran en fases iniciales de investigación, su potencial para transformar la industria del envasado alimentario es significativo. Aunque por ahora estas aplicaciones se encuentran mayoritariamente en fase experimental, el aprovechamiento de insectos en el diseño de envases alimentarios representa una vía innovadora hacia una industria más circular, sostenible y creativa.

Productos comerciales

Llegados a este punto de lectura, igual apetece probar algún insecto o alimento que lo contenga. En España, es fácil adquirir insectos y además en diferentes formatos, enteros y deshidratados o como ingredientes de otros alimentos. Existe al menos una cadena de supermercados que oferta productos que contienen insectos y, si se busca en internet, pueden encontrarse empresas que abastecen de estos nuevos alimentos. De todos los que están permitidos en la UE, el grillo (*Acheta domesticus*) y el gusano de la harina (*Tenebrio molitor*) son los que más éxito han alcanzado tanto como ingredientes en la elaboración de otros productos (galletas, extrusados, paté, *snacks* fritos, etc.) como para su consumo directo.

En internet hemos encontrado tanto grillos como gusanos de la harina que se comercializan secos y especiados. El aspecto es propio de un grillo o un gusano y su tamaño es aproximadamente como el de las pipas (figura 13.5). De hecho, una de las ideas para comercializar estos nuevos alimentos es ofertarlos como *snacks* o aperitivos. Una idea original que además es interesante por su aporte nutricional, dado que son alimentos que presentan niveles de proteína comprendidos entre el 50 y 60% (50-60 g proteína/100 g producto). Unas pipas, por ejemplo, aportan aproximadamente 30 g de proteína por 100 g de producto (15 gramos cuando son con sal); la mitad o menos que los insectos.

Existe un gran surtido según las especies o sabores con los que se aderezan, como chile y lima, tomate o ahumados. También existen opciones para los más golosos, dado que los venden bañados en chocolate blanco y negro (figura 13.6). Aunque en este caso su nivel de proteína es inferior y la cantidad de azúcar mayor.

Además, hemos encontrado langostas (*Locusta migratoria*) desecadas y tostadas al natural (figura 13.7). Sin embargo, su apariencia y tamaño (próximo al de un saltamontes) pueden generar rechazo para su consumo.

Otros ejemplos de *snacks* elaborados a base de *Tenebrio molitor* (gusano de la harina) o *Acheta domesticus* (grillo doméstico) son chips (figura 13.8) en los que grillos desecados en polvo se mezclan con otras harinas. Se presentan con distintos sabores y tienen la ventaja de que su contenido proteico es cinco veces superior a sus homólogos sin insectos, y el de fibra se triplica.

Figura 13.6. Grillos (*Acheta domesticus*) bañados en chocolate.
Fotografía: Gonzalo Delgado-Pando y Tatiana Pintado.

También hay alimentos que podrían consumirse con más frecuencia como es el caso de la pasta. Existen pastas que, además de harina de trigo o similares, contienen harina de grillo (4%). En este tipo de productos, sin embargo, no se ha observado ninguna ventaja nutricional. Otro producto curioso elaborado con harina de grillo (14%) es el paté. A través de proveedores europeos, se pueden encontrar otros alimentos elaborados con harina de trigo u otro tipo de harina en los que parte de esa harina es de grillo o de gusano de la harina. Entre ellos, uno de los alimentos curiosos encontrados son unas cucharillas comestibles con harina de

Figura 13.7. Langostas (*Locusta migratoria*) desecadas tostadas al natural. Listas para consumo.
Fotografía: Gonzalo Delgado-Pando y Tatiana Pintado.

grillo (figura 13.9), que además podrían emplearse, en lugar de las de plástico, por ejemplo, para comerse una tarrina de helado.

También las bebidas pueden elaborarse con insectos. Por ejemplo, hay cervezas que incorporan insectos por su elevado contenido de proteínas y vitaminas. Para tranquilidad del consumidor, no se aprecian insectos enteros ni ninguna de sus partes a simple vista ya que la filtran previamente a envasarla.

Además, nos hemos ido de compras a supermercados españoles, y solo en uno de ellos hemos encontrado productos que contienen insectos. Este supermercado oferta barritas tipo *snack* elaboradas con larvas de *Tenebrio molitor* (gusano de la harina) (figura 13.1). Su contenido de 7 g/100 g de producto, le aporta un elevado nivel de proteína (20 g de proteína por cada 100 g de producto), que suele ser superior al de sus productos homólogos, y añadir además fibra ~9%. Su apariencia es similar a productos homólogos y su sabor está condicionado por la presencia de otros ingredientes como cacao (sabor a chocolate), fresa, crema de cacahuete o similares, que dotan al producto de su sabor característico. Otra ventaja es su precio (~1,60 €/unidad), en el rango de precios de productos equivalentes.

En esa misma cadena de supermercados se venden grillos secos, con sal marina o con tomate y orégano ofertados como aperitivos. Su contenido proteico es superior a 50 g proteína/ 100 g de producto. Estos productos únicamente se encontraron en una cadena de supermercados. Pero es posible que ya no estén disponibles para su venta, ya que son productos con mucha rotación. En otras ocasiones, estos mismos alimentos o similares los hemos encontrado en otras cadenas de supermercados.

Figura 13.8. *Chips* con grillo (*Acheta domesticus*) en polvo (sabor original). Fotografía: Gonzalo Delgado-Pando y Tatiana Pintado.

Figura 13.9. Cucharas comestibles con grillo (*Acheta domesticus*) molido.
Fotografía: Gonzalo Delgado-Pando y Tatiana Pintado.

Perspectivas y desafíos para el futuro

Aunque el uso de insectos en la alimentación tiene un gran potencial y esta industria avanza a una velocidad asombrosa, todavía existen varios obstáculos por superar. Por un lado, la legislación europea avanza con cautela: solo unas pocas especies están aprobadas como ingredientes, lo que limita la innovación y la variedad de productos que pueden llegar al mercado. También influye el rechazo que aún genera esta idea en algunos consumidores, especialmente en países donde los insectos nunca han sido parte de la dieta. Esta resistencia o neofobia alimentaria puede reducirse con el tiempo si se apuesta por una buena educación alimentaria, si los productos están bien presentados y, sobre todo, si se normaliza su presencia (en redes, prensa, TV, restaurantes, etc.). En este sentido, la globalización puede jugar a favor, ya que cada vez estamos más abiertos a incorporar alimentos de otras culturas. Lo que hoy nos parece extraño —como en su día lo fueron el *sushi*, las algas o el tofu— mañana puede ser parte habitual del menú. Con información, creatividad y colaboración entre ciencia, industria y sociedad, los insectos tienen muchas posibilidades de ocupar un lugar importante en la alimentación del futuro.

Aegiale hesperiaris, su oruga es conocida como gusano de maguey.

Referencias

Agencia SINC (2022): "En busca de envases comestibles y sostenibles", CSIC/FECYT, https://n9.cl/3pu20.

CETIM-QUITINSECT (2022): "Materiales de envasado alimentario biodegradables a partir de quitina extraída de insectos, https://n9.cl/1kp2tg.

CRICOS, https://www.bycricos.com.

FAO (2013): "Edible insects: Future prospects for food and feed security. Food and Agriculture Organization of the United Nations", https://n9.cl/q6xcf.

INSECTUM, https://www.insectum.es/.

Proyecto ValuSect (2023): "Strengthening the transnational cooperation and exploitation of the insect value chain. Interreg North-West Europe", https://www.valusect.eu/.

Yang, J. *et al.* (2024): "Edible insects as ingredients in food products: nutrition, functional properties, allergenicity of insect proteins, and processing modifications", *Critical Reviews in Food Science and Nutrition*, 64(28), 10361-10383.

Annamaria Filomena Ambrosio, María Paula Deaza Fernández, Daniela Quiñones y Ashalley Fabián Valle Guerrero

14. Viaje culinario: de la granja de insectos a la mesa

Introducción

Desde tiempos ancestrales, los insectos han sido una fuente de alimento para numerosas culturas alrededor del mundo. Lo que hoy podría parecer una curiosidad gastronómica o una tendencia exótica, fue en realidad una práctica común entre las civilizaciones antiguas, que reconocieron en los insectos una fuente valiosa de proteínas, grasas saludables y nutrientes esenciales. Este capítulo explora en un fascinante recorrido los insectos comestibles desde su origen en la naturaleza hasta su transformación en elaboraciones gastronómicas que desafían y deleitan el paladar.

El proceso de llevar insectos de la granja a la mesa combina conocimiento tradicional y técnicas innovadoras de producción. Desde la cría sostenible de grillos y gusanos en granjas especializadas hasta la recolección de especies silvestres como las hormigas culonas y los chapulines, cada etapa del proceso refleja un equilibrio entre el respeto por la naturaleza y la búsqueda de nuevas fronteras gastronómicas.

Más allá de su valor nutricional y sostenibilidad, los insectos comestibles han sido parte de rituales, ceremonias y tradiciones culturales en diversas partes del mundo. En América Latina, Asia y África el consumo de insectos está profundamente arraigado en la identidad de los pueblos, convirtiéndose en una expresión de herencia cultural y creatividad culinaria [1]. En este capítulo se hablará del proceso que recorre un insecto desde su recolección hasta el momento que llega al plato para ser consumido.

De la granja al plato

Si bien los insectos han sido recolectados de forma silvestre a lo largo de la historia, el creciente interés por su consumo ha propiciado su producción usando técnicas o metodologías semejantes a la miniganadería, que aumentan la población disponible para su ingesta, sin alterar el equilibrio ambiental, pues representan más del 50% de los organismos vivos [2]. No obstante, solo el 6% de especies comestibles han sido criadas con éxito, mientras el 94% restante siguen siendo recolectadas de forma silvestre, con algunas especies en riesgo de extinción [3].

La gran mayoría de insectos se consumen enteros; sin embargo, su apariencia física no ha contribuido a una mayor aceptación de su consumo humano. Esto responde a la percepción que una persona pueda tener frente a las características visuales y texturales, que puede favorecer o no el consumo de insectos [4]. No obstante, durante años y en muchas comunidades, los insectos han sido consumidos de su forma más pura: enteros y tostados, sin más transformación para su consumo que el lavado, desinfectado y tostado como proceso de cocción. Pero teniendo en consideración factores como la entomofobia y la neofobia, asociadas a los cambios culturales de las poblaciones a nivel global, los chefs y cocineros han intentado buscar herramientas culinarias para mejorar su apariencia y, por ende, su sabor.

Muchos de los insectos usados para el consumo humano pueden ser transformados con las técnicas básicas de cocina, siendo algunas de ellas más apropiadas que otras según cada tipo de insecto y su diferente fisiología. Insectos con cuerpos más sólidos como las arañas, escarabajos y hormigas suelen tener texturas y formas más propicias para salteados, frituras y hasta rebozados. Teniendo en cuenta esto, el proceso de transformación de los insectos para su uso en la cocina incluye: 1) remoción de impurezas y partes indeseadas; 2) lavado y desinfección; 3) corte y alistamiento de los insectos e 4) incorporación en la preparación.

En el caso de insectos de menor tamaño como las hormigas y algunos escarabajos, su preparación se limita a la remoción de patas y de su limpieza y desinfección; para insectos más grandes como las arañas se deben eliminar las vellosidades, posibles garras y otras impurezas antes del proceso de limpieza y desinfección; pero para los gusanos, larvas y similares este proceso es más complejo, ya que estos deben ser eviscerados, lavados y desinfectados por dentro y por fuera para ser consumidos posteriormente.

De acuerdo con el tipo de insecto y tamaño de este, pueden añadirse a preparaciones como salteados, rebozados o frituras, según las características físicas de cada insecto. En salteados suelen incluirse en tamaños similares al resto de componentes que tenga el plato; así, las hormigas y algunos escarabajos no requieren, más allá de su desinfección, ser troceados; pero en el caso de las arañas y algunos escarabajos de mayor tamaño estos deben cortarse en tamaños más pequeños.

Los rebozados y las frituras son técnicas de cocción que suelen ser llamativas y útiles para fomentar el consumo de ingredientes que no son recurrentes en el mercado. En estas preparaciones, la mezcla de sabores se añade en las marinadas para mejorar el perfil sensorial de los insectos usados; además, los rebozados no solo aportan sabor al producto, sino también textura gracias a la crocancia y pueden cambiar el color final del producto, lo que aumenta su apariencia atractiva para el consumidor.

Otra técnica de transformación recurrente es el rellenado de gusanos y larvas con diferentes mezclas de ingredientes, entre ellos arroces, vegetales e incluso otras proteínas usando la piel exterior del gusano como bolsa o tripa de embutido. Esta técnica sortear la complejidad que supone la inclusión de nuevos ingredientes y sabores en una misma preparación para darle una presentación más común y reconocible al consumidor.

Cada una de estas técnicas culinarias representa una alternativa que las hace agradables y atractivas para los consumidores y ayudan así al cambio de percepción del consumo de insectos en la población. Un ejemplo de ello lo encontramos en la creciente tendencia en restaurantes de alto nivel de incorporar en sus platos insectos como ingrediente principal de sus creaciones, lo que fomenta un cambio de paradigma en el que restaurantes y chefs propician entre la población el consumo de productos innovadores y disruptivos.

Viaje gastronómico en Colombia: la hormiga culona

La historia de la hormiga culona (*Atta laevigata*) como manjar gastronómico se remonta a las tierras donde se asentaron los Guanes, un pueblo indígena que habitó la región entre los siglos VII y XVI, en las provincias de Soto, Guanentá y Comuneros, pertenecientes al departamento de Santander en Colombia. Los Guanes fueron los primeros en descubrir el valor gastronómico de la hormiga culona. De textura crujiente y notas de sabor a nuez se considera la "reina criolla" de los insectos por su singularidad y valor cultural.

Este pueblo indígena aprendió a consumirlas vivas, pero también supieron que solo las hembras son comestibles, mientras que los machos que poseen mandíbulas fuertes atacan a quienes se acercan a los hormigueros. Cada año, al comienzo de la primera temporada de lluvias, miles de hormigas culonas emergen de los hormigueros donde han hibernado en los valles de San Gil, Curití, Villanueva, Barichara, Zapatoca y Guane. Las hormigas salen al amanecer, con los primeros rayos del sol para llevar a cabo su vuelo nupcial y aparearse. En ese preciso momento, los campesinos de la región las capturan con bolsas, ollas y costales, siguiendo una técnica ancestral transmitida de generación en generación. Las hormigas se tuestan luego vivas en fogones de barro, para potenciar su sabor y otorgarles una textura crujiente y ligeramente salada [5].

Durante nueve semanas al año, la cosecha y el consumo de hormigas culonas forman parte de una celebración gastronómica que ha trascendido fronteras. Esta tradición ha perdurado durante siglos y se ha convertido en un símbolo cultural de Santander.

Más allá de su sabor y valor nutricional, la hormiga culona ha sido tradicionalmente considerada un alimento afrodisíaco y un símbolo de longevidad. En la época prehispánica, las hormigas eran un regalo especial en las bodas y también se usaban como ofrenda para pedir la mano de una pareja. Este simbolismo ha perdurado, consolidando a la hormiga culona como un emblema de fertilidad y fortaleza.

Aunque las hormigas culonas también habitan en regiones como el eje cafetero y los llanos orientales, es en Santander donde esta tradición ha alcanzado su máximo esplendor. La recolección y preparación de las culonas ha convertido este departamento en la capital mundial de la hormiga culona, haciendo de este pequeño insecto un símbolo de identidad regional y un producto gourmet que ahora recorre el mundo. Actualmente, las hormigas culonas se exportan a países como Inglaterra, Alemania, Portugal, Canadá y Estados Unidos, donde son apreciadas como una exquisitez exótica.

Viaje gastronómico en México

En México se consumen insectos desde tiempos prehispánicos, siendo considerados una exquisitez. Estudios realizados indican que actualmente en México se consumen 504 especies de insectos, entre los que se encuentran los chapulines, escamoles, gusanos de maguey, jumiles, hormigas, acociles y escarabajos, con los que se hacen manjares culinarios.

Los insectos más comunes o conocidos son los chapulines. En Oaxaca particularmente se comen en tacos con salsa de chile pasilla; los gusanos de

Figura 14.1. Alacranes listos para su preparación culinaria. Aunque su consumo puede parecer inusual para algunos, en diversas regiones de México se consideran un ingrediente exótico y nutritivo, utilizado en recetas que van desde frituras hasta salsas intensas.
Fotografía: Daniela Quiñones Padilla.

Figura 14.2. Productos con alacrán en un supermercado de Durango, una ciudad con fuerte tradición en el consumo de este arácnido. Aquí, el alacrán no solo es un símbolo cultural, sino también parte de la identidad gastronómica local.
Fotografía: Daniela Quiñones Padilla.

maguey se elaboran con sal y también se agregan a las botellas de mezcal a fin de garantizar la autenticidad de la bebida. Por otro lado, los escamoles (larva de hormiga), son muy apreciados en el estado de Hidalgo, cuyas recetas los incluyen en la preparación de tamales, salsas, caldos, horneadas y tunas rellenas. En los estados de México y Morelos los jumiles (chinches de campo) nunca faltan en las salsas, tacos, arroz y hasta en los huevos revueltos.

Actualmente, el consumo de insectos ha adquirido una mayor relevancia debido a la promoción de su valor nutricional y gastronómico, al ser una fuente rica de proteínas.

El consumo de alacranes en Durango

Aunque los alacranes no son insectos, sino arácnidos, en este capítulo los abordamos por su destacada presencia cultural y gastronómica en Durango, México. Si bien su consumo responde principalmente al turismo gastronómico, en años recientes han cobrado mayor relevancia, pues ahora se comercializan en artesanías locales y han comenzado a incorporarse en algunos platillos.

La inclusión del alacrán en la gastronomía no es del todo nueva, pero se ha consolidado como uno de los atractivos distintivos del estado.

NOMBRE COMÚN	UNIDAD	PRECIO ($)	PRECIO (€)
Gusano blanco	kg	3.200	146,84
Gusano rojo	kg	2.800	128,45
Cocopache o chinche gigante	lb	1.200	55,08
Alacrán crudo	Pieza	30	1,38
Alacrán cocinado	Pieza	40	1,83
Escorpión crudo	Pieza	150	6,89
Escorpión cocinado	Pieza	200	9,17
Jumil	kg	2.500	114,73
Cucaracha	g	100	4,59
Chapulín	kg	600	27,53
Acocil	kg	800	36,71
Araña de maíz	Pieza	35	1,61
Escarabajo de tierra	Pieza	8	0,37
Escarabajo de calabaza	Pieza	8	0,37
Hormiga chicatana	kg	2.200	100,99
Tarántula	g	600	27,53
Huevo de mosca	kg	2.500	114,73
Valores en pesos mexicanos y cambio promedio a euro frente al peso mexicano (aproximadamente 1 EUR = 21,79 MXN), mayo de 2025.			

Tabla 14.1. ¿Cuánto cuesta comer insectos? Precios de insectos y artrópodos comestibles en México.
Fuente: Elaboración propia.

Comerciantes y artesanos han sabido aprovechar la notoriedad de este arácnido, símbolo duranguense por excelencia, para proyectarlo más allá de lo tradicional (figura 14.1).

Aunque no forma parte de la cocina típica regional, el alacrán está presente en muchos lugares (figura 14.2): en murales, *souvenirs*, bebidas, alimentos e incluso vinculado al santo patrono local, como muestra el siguiente dicho popular lo muestra: "San Jorge bendito, amarra a tu animalito con tu cordón para que no nos pique ni a mí ni a mis hermanitos".

En 2013 se inauguró el restaurante Raíces, pionero en popularizar el consumo de alacrán en tacos y brochetas, gracias a un permiso especial para su venta. Aunque el restaurante cerró, marcó un antes y un después en la gastronomía local.

Mientras muchos duranguenses rechazan su consumo por considerarlo una aberración, otros más curiosos se atreven a explorar nuevos sabores. Incluir insectos en la alta cocina, antes impensable, hoy es una realidad. Su coste sigue siendo elevado, como se puede visualizar en la tabla 14.1.

Si bien la incorporación de insectos en las cocinas de restaurantes ha ido en aumento, su aceptación por los consumidores y los altos costes que supone usarlos dificulta la normalización de su uso en países no habituados a comer insectos. Este recorrido culinario es un acercamiento a las múltiples posibilidades existentes para la transformación e incorporación de insectos en la dieta del consumidor cotidiano.

Recetas con insectos: tradición y vanguardia en la cocina latinoamericana

A continuación, se presentan algunas recetas que incorporan insectos comestibles como ingredientes principales. Estos platillos no solo reflejan la riqueza culinaria de regiones como México y Colombia, sino también una tendencia creciente hacia una gastronomía más sostenible, creativa y conectada con las raíces culturales.

Desde los chapulines y escamoles mexicanos hasta las hormigas culonas colombianas, estos ingredientes han sido parte de la alimentación tradicional de diversos pueblos originarios. Hoy, chefs y cocineros los reinterpretan en preparaciones que combinan técnicas modernas con sabores ancestrales, demostrando que los insectos no solo son nutritivos, sino también deliciosos y versátiles.

Las recetas que se presentan a continuación desafían los prejuicios y celebran la biodiversidad de nuestra cocina.

Receta 1

TOSTONES DE AREPA, MUSELINA, HORMIGA CULONA Y CUBOS DE MOZZARELLA

Ingredientes

- 4 arepas blancas (tipo santandereano)
- 10 aguacates
- 100 g de hormiga culona
- 80 g de queso mozzarella
- 10 g de sal
- 5 g de pimienta
- 50 g de mayonesa
- 5 limones
- 5 g de azúcar

Preparación

Cortar las arepas en bastones y freírlas en aceite caliente durante 5 minutos hasta que estén doradas y crujientes. Licuar el aguacate con sal, pimienta, mayonesa, limón y azúcar para hasta lograr una textura cremosa y espesa. Tostar las hormigas culonas, dejarlas enfriar y triturarlas hasta obtener un polvo fino. Para terminar, cortar el queso en cubos pequeños. Para servir, colocar una base de la crema de aguacate en un plato hondo, acomodar los bastones de arepa y el queso, y espolvorear con la hormiga culona.

Figura 14.3. Tostones de arepa, muselina, hormiga culona y cubos de mozzarella.
Fotografía: Ashalley Fabián Valle Guerrero.

Receta 2

LOMO DE CERDO EN SALSA DE TOMATE *CHERRY* Y HORMIGA CULONA, EN CAMA DE CREMOSO DE PAPA Y PUERRO FRITO

Ingredientes

- 800 g de lomo de cerdo
- 100 g de tomates *cherry*
- 320 g de papa pastusa o especial para hacer puré
- 150 g de hormiga culona
- 80 g de puerro
- 50 ml de crema de leche
- 50 ml de leche
- 100 g de azúcar
- 50 ml de vino tinto
- 50 g de mantequilla
- 1 diente de ajo
- 10 g de sal
- 5 g de pimienta

Preparación

Para la salsa, sofreír la mantequilla con ajo, tomates *cherry*, azúcar, vino tinto, sal y pimienta. Cocinar a fuego medio durante aproximadamente 8 minutos hasta reducir. Tostar las hormigas culonas, trocearlas e incorporarlas a la salsa. Para realizar el puré, lavar las papas, pelarlas y hervirlas hasta que estén blandas. Luego triturarlas con leche, crema, mantequilla, sal y pimienta hasta obtener un puré cremoso y homogéneo. Cortar el puerro y freírlo. En aceite caliente hasta que esté crujiente (evitar que se queme, pues generará sabores amargos y pirolíticos). Aderezar el lomo de cerdo con sal y pimienta, luego asarlo en la parrilla. Para servir, colocar sobre la base del puré de papa, 2/3 medallones de cerdo, bañar con la salsa y decorar con el puerro frito.

Figura 14.4. Lomo de cerdo en salsa de tomate *cherry* y hormiga culona, en cama de cremoso de papa y puerro frito.
Fotografía: Ashalley Fabián Valle Guerrero.

Receta 3

BROWNIE CON HELADO DE VAINILLA BAÑADO CON SALSA DE HORMIGA CULONA

Ingredientes

- 4 *brownies*
- 4 bolas de helado de vainilla
- 50 g de panela
- 100 g de hormiga culona
- 120 ml de agua

Preparación

Hervir la panela con el agua hasta formar caramelo. Añadir las hormigas culonas troceadas y cocinar durante un minuto adicional. Calentar los *brownies* y añadir una bola de helado encima; bañar con la salsa de caramelo con hormiga culona.

Figura 14.5. *Brownie* con helado de vainilla bañado con salsa de hormiga culona.
Fotografía: Ashalley Fabián Valle Guerrero.

Receta 4

TOTOPOS DE ALACRÁN

Ingredientes

- 1 taza de masa de maíz para tortillas
- 1 taza de agua
- 10 alacranes (conservados en alcohol)
- Aceite para freír

Preparación

Mezclar la masa de maíz con el agua hasta obtener una masa suave y manejable. Formar pequeñas bolitas (testales) del mismo tamaño. Prensar las bolitas entre plásticos con el objetivo de formar tortillas delgadas; cortarlas en cuatro partes. Con ayuda de unas pinzas, colocar cuidadosamente un alacrán extendido (mostrando tenazas y aguijón) sobre cada corte de la tortilla. Realizar una fritura profunda, hasta que estén dorados y crocantes como totopos. Servir destacando la forma del alacrán en cada totopo.

Figura 14.6. Totopo de alacrán.
Fotografía: Daniela Quiñones Padilla.

Receta 5

GUACAMOLE CON SAL DE ALACRÁN

Ingredientes

- 3 aguacates maduros
- 2 tomates rojos
- 1 chile jalapeño
- ½ cebolla morada
- 2 ramitas de cilantro
- Jugo de 1 limón
- Una pizca de pimienta negra
- Una pizca de sal de alacrán

Preparación

Cortar los aguacates por la mitad, retirar la pulpa y colocarla en un tazón. Partir finamente los tomates, la cebolla y el chile jalapeño, y agregarlos al tazón. Añadir el cilantro picado, el jugo de limón, la sal de alacrán y la pimienta. Mezclar bien todos los ingredientes, probar y ajustar la sazón si es necesario.

Figura 14.7. Guacamole con sal de alacrán.
Fotografía: Alejandro Caballero.

Receta 6

SAL DE ALACRÁN

Ingredientes

- 15 alacranes conservados en alcohol
- 200 g de sal de grano

Preparación

En un horno o en brasas tatemar o rustrir los alacranes para que estén crujientes. Colocar en una bandeja en el horno o sartén la sal y tostar alrededor de 20 minutos sin dejar de mover; cuando la sal adopte una coloración marrón, será el punto exacto. Triturar los alacranes hasta que estén molidos, al igual que la sal. Al final revolver ambos ingredientes y cernir o tamizar para lograr una textura fina; en el caso de las bebidas, dejar sin cernir.

Figura 14.8. Sal de alacrán.
Fotografía: Ligia Esperanza Díaz Prieto.

Receta 7

TETELA DE DOS MAÍCES CON QUESO MOZZARELLA Y ACEITE DE CHILE GUAJILLO CON CREMA DE GUSANO BLANCO

Ingredientes

- 300 g de harina de maíz azul
- 300 g de harina de maíz amarillo
- 650 ml de agua (no caliente)
- 1 pizca de sal
- 200 g de queso manchego rayado
- 100 g de chile guajillo desvenado y costado en julianas
- 1 pieza de rábano
- Flores comestibles
- 1 prensa tortillera
- 1 bolsa de plástico

Preparación

Mezclar dos tipos de harina de maíz (azul y amarillo) con el agua y la sal, amasar y formar la tortilla en la prensa tortillera. Agregar el relleno y darle forma triangular cuidando de no romper y no sacar el relleno. Cuando esté lista, se pasa al comal a temperatura media y se agregan unas gotas de aceite para asegurar la cocción del interior.

Figura 14.9. Tetela de dos maíces.
Fotografía: Alejandro Caballero.

Receta 8

CREMA DE GUSANO BLANCO

Ingredientes

- ½ Cebolla blanca
- 2 dientes de ajo
- 100 gr de gusano blanco
- 90 g de mantequilla

Preparación

Sofreír en mantequilla el ajo y la cebolla blanca finamente picados. Cuando se suavicen, añadir los gusanos blancos y cocinar unos minutos. Dejar enfriar ligeramente y licuar con un poco de crema ácida y un toque de leche. Salpimentar al gusto y servir, preferentemente, en una tetera o frasco.

Figura 14.10. Sofrito de gusano blanco, punto de partida para la preparación de la crema.
Fotografía: Daniela Quiñones Padilla.

Receta 9

SOPE DE DOS MAÍCES CON ESQUITES Y GUSANO ROJO, FRITO EN ASIENTOS DE PUERCO CON FRIJOLES BAYOS REFRITOS

Ingredientes

- 200 g de harina de maíz azul
- 100 g de grano de elote dorado
- 100 g de gusano rojo (de maíz)
- 2 dientes de ajo
- ½ cebolla blanca
- 300 ml de agua
- 1 lechuga en trozos medianos
- 1 tomate rojo picado en *brunoise* (cuadritos)
- 1 brotes germinados de chícharo
- Flores comestibles
- Gotas de salsa macha
- 50 g de frijoles cocidos, machacados y fritos en manteca de puerco

Preparación

Mezclar los dos tipos de maíz, amarillo y azul, con el agua, para obtener una masa y hacer testales (bolitas de masa). Una vez hechos, pasarlos a la prensa tortillera y formar una tortilla. Cuando esté casi cocida, hacer hoyuelos en el borde como si se estuviera arrugando la tortilla y reservar.

En una sartén sofreír ajo y cebolla con mantequilla, agregar 100 g de maíz desgranado, sofreír hasta que todos los ingredientes se integren, agregar los gusanos rojos previamente lavados; sazonar, añadir a las tortillas, decorar y servir.

Figura 14.11. Gusano rojo, mantequilla, esquite (maíz).
Fotografía: Daniela Quiñones Padilla.

Figura 14.12. Gusanos rojos con esquite.
Fotografía: Alejandro Caballero.

Receta 10

CALLO DE HACHA EN AGUACHILE DE HORMIGA CHICATANA Y CHILE CHILTEPÍN

Ingredientes

- 10 piezas de callo de hacha
- 20 g de chile chiltepín
- 100 g de hormiga chicatana
- 100 g de chicharrón de cuero
- 3 pepinos
- 1 kg de limón persa
- 200 g de limón eureka
- 2 cebollas moradas
- 1 cabeza de ajo
- 2 manojos de cilantro
- 1 rábano sandía
- Brotes germinados
- Sal y pimienta

Preparación

Limpiar y lavar los callos de hacha minuciosamente. Agregar los callos en un bol y exprimir los limones. Dejar reposar en este jugo alrededor de 30 minutos.
En un mortero triturar los chiltepines con una parte de las hormigas chicatanas. Por otra parte, lavar y desinfectar los pepinos, y secarlos en lajas. Cortar todos los ingredientes. Por último, mezclar todo, decorar y servir.

Figura 14.13. Callo de hacha en aguachile de hormiga chicatana y chile chiltepin.
Fotografía: Alejandro Caballero.

Receta 11

HELADO DE NATA Y MIEL DE MAGUEY DECORADO CON CHAPULINES

Ingredientes

- 500 g de nata
- 200 ml de miel de maguey
- 3 huevos
- 100 g de chapulines
- 200 g de harina
- 100 g azúcar *glass*
- 200 g de mantequilla
- 20 g de pimienta rosa
- Flores comestibles

Preparación

En una máquina de preparar helados mezclar los ingredientes base, los huevos y la nata, incorporamos poco a poco la miel de maguey y añadimos la pimienta rosa para dar un toque aromático.
Los chapulines se reservan para la decoración. Si lo deseamos, preparamos unas galletas mezclando harina, azúcar glass y mantequilla, horneándolas a 180 °C durante unos minutos.
Finalmente, servimos el helado en copas, decoramos con chapulines y flores comestibles, y acompañamos con las galletas para un contraste crujiente.

Figura 14.14. Helado de nata y miel de maguey decorado con chapulines.
Fotografía: Alejandro Caballero.

Receta 12

FILETE *SOUS VIDE* 60 GRADOS, SOBRE PURÉ DE MEMBRILLO, SALSA DE CHILE PASADO Y PALANQUETA DE ALACRÁN, CON FRITURA DE CILANTRO

Ingredientes

- 170 g de filete de res (correspondiente a una porción individual)
- 150 g de chile pasado
- 4 tomatillos
- 1 l de caldo de pollo
- 300 g de papa blanca
- 250 g de ate de membrillo artesanal duranguense
- 150 g isomalt
- 10 alacranes
- Sal marina
- Ajinomoto o glutamato
- Pimienta granulada
- Brotes germinados
- Flores comestibles

Preparación

Cocer el filete empaquetado al vacío en *sous vide* durante 45 minutos. Por otra parte, cocer las papas en agua con sal y pimienta. Una vez ya cocidas, mezclamos y trituramos con los otros ingredientes del puré (ate, mantequilla, sal y pimienta).

En una charola que sea apta para meter al horno agregamos los alacranes, tapar con isomalt y meter al horno ya precalentado a 180 grados. De esta manera se obtendrán las palanquetas de alacrán.

En una sartén hidratar los chiles pasados ya limpios sin semillas, agregar los tomatillos, el ajo y la sal, y licuar y colar para que la salsa salga lo más fina posible.

Figura 14.15. Filete *sous vide* 60 grados.
Fotografía: Alejandro Caballero.

Figura 14.16. Momento en que una persona se lleva un alacrán a la boca, desafía tabúes y explora sabores únicos. Este tipo de experiencias gastronómicas reflejan la apertura hacia ingredientes no convencionales en la cocina contemporánea.
Fotografía: Daniela Quiñones Padilla.

Referencias

[1] Olivadese, M. y Dindo, M. L. (2023): "Edible Insects: A Historical and Cultural Perspective on Entomophagy with a Focus on Western Societies", *Insects*, 4 de agosto, 14(8), p. 690.

[2] Yen, A. L. (2015): "Insects as food and feed in the Asia Pacific region: current perspectives and future directions", *Journal of Insects as Food and Feed*, 1(1), pp. 33-55.

[3] Huis, A. van y Oonincx, D. G. A. B. (2017): "The environmental sustainability of insects as food and feed. A review", *Agronomy for Sustainable Development*, 15 de octubre, 37(5), pp. 43.

[4] Marquis, D. *et al.* (2023): "The taste of cuteness: How claims and cute visuals affect consumers' perception of insect-based foods", *International Journal of Gastronomy and Food Science*, junio, 32, p. 100722.

[5] Aguilera, O.; Katz, E. y Césard, N. (2024): "Las hormigas culonas: entre patrimonio biocultural y plaga (Santander, Colombia)", *Naturaleza y Sociedad. Desafíos Medioambientales*, 8, pp. 104-125.

Epílogo

Es para mí un honor escribir unas líneas en las páginas finales de este interesante y novedoso libro coordinado por mi buena amiga y compañera, la doctora Ligia Esperanza Díaz, científica titular del Departamento de Metabolismo y Nutrición del Instituto de Ciencia y Tecnología de los Alimentos y Nutrición (ICTAN) del Consejo Superior de Investigaciones Científicas. No se me ocurre ninguna investigadora más adecuada para abordar esta tarea, ya que además de llevar años trabajando sobre este (para nosotros) novedoso tema, por sus orígenes familiares conoce bien la entomofagia. A la doctora Díaz le debo mi primera incursión gastronómica en este tema, ya que cuando trabajábamos juntas en el CSIC tuvimos ocasión de probar las hormigas culonas fritas y azucaradas, una *delicatesen* desconocida para mí hasta ese momento, que había traído de Colombia. Es evidente que las hormigas culonas son importantes, a las que este libro dedica un capítulo íntegro. Y es que probablemente el continente europeo es donde menos común sea este hábito alimentario, muy extendido en África, Asia, Oceanía y, sobre todo América, como hemos aprendido en esta obra. Los insectos son una buena fuente de proteína y micronutrientes como calcio, cinc y hierro. Hay una gran variedad de insectos comestibles, con diferentes sabores y texturas que admiten diversas preparaciones culinarias. Asimismo, hemos aprendido que pueden ser muy interesantes en relación a varios Objetivos de Desarrollo Sostenible, como son el Hambre Cero, la Acción por el Clima y la Producción y Consumo Responsables. Ha sido un acierto incluir un capítulo que aborda las posibles reacciones alérgicas asociadas a su consumo y otros riesgos, especialmente relacionados con aspectos higiénicos. También hemos conocido de forma actualizada la legislación europea sobre la materia.

Espero que el lector haya llegado hasta aquí disfrutando de la lectura de este libro, aprendido y sobre todo se haya sentido inspirado para seguir investigando y explorando. La doctora Díaz es un miembro destacado de la Sociedad Española de Nutrición (SEÑ), por lo que en nombre de la sociedad le doy las gracias por contribuir de manera brillante a la difusión internacional del conocimiento científico en materia de nutrición y alimentación.

Marcela González-Gross
Catedrática de la Universidad Politécnica de Madrid
y presidenta de la Sociedad Española de Nutrición (2022-2026)

Sobre las autoras y los autores

Ligia Esperanza Díaz Prieto (coord.) Doctora por la Universidad Complutense de Madrid, Facultad de Farmacia, magíster en Dietética y Nutrición Humana por la Universidad de Cádiz. Científica titular del Grupo de Inmunonutrición del Departamento de Metabolismo y Nutrición en el Instituto de Ciencia y Tecnología de los Alimentos y Nutrición (ICTAN-CSIC). Sus líneas de investigación se centran en el estudio del estado nutricional y su impacto en la salud, con especial atención a los biomarcadores inmunológicos. Ha desarrollado estudios nutricionales en poblaciones vulnerables a la malnutrición y los trastornos alimentarios, y explora la capacidad inmunomoduladora de compuestos bioactivos. Asimismo, investiga la entomofagia desde la perspectiva de la inmunonutrición y su potencial en la promoción de la salud.

Nicoletta Righini
Licenciada en Ciencias Naturales por la Universidad de Florencia (Italia), maestra en Ciencias en Ecología por el Instituto de Ecología A. C. de Xalapa (México) y doctora en Antropología por la Universidad de Illinois en Urbana-Champaign. Desde 2020 es profesora investigadora en el Instituto de Investigaciones en Comportamiento Alimentario y Nutrición (IICAN) de la Universidad de Guadalajara en México. Sus líneas de investigación se centran en el comportamiento alimentario, la ecología nutricional, los efectos de la dieta en la microbiota intestinal y la salud integral en distintas etapas de la vida. Para abordar estos temas, adopta un enfoque multidisciplinario y trabaja con distintas especies como modelos, incluyendo insectos, aves, mamíferos y primates no humanos y humanos. Es editora general de la revista científica *Journal of Behavior and Feeding*.

Adriana Alejandra Pazos
Doctora en Química Biológica por la Universidad de Buenos Aires (Argentina). Investigadora del Instituto Tecnología de Alimentos (ITA-INTA) y coordinadora del Área de Investigación Bioquímica y Nutrición del ITA (Argentina). Coordinadora de Proyecto INTA-Estrategias de prevención y disminución de las pérdidas y desperdicios de alimentos. Asimismo, es docente de grado y posgrado en universidades nacionales y privadas. Su campo de trabajo incluye proteínas; animales, vegetales y alternativas; estudio de su funcionalidad y aspectos nutricionales; diseño de nuevos alimentos para fines específicos y aprovechamiento de descartes de la agroindustria.

Gabriela Laura Gallardo
Doctora de la Universidad de Buenos Aires-Argentina (área de Química Orgánica), es profesora asociada en el Instituto de Biotecnología de la Universidad Nacional de Hurlingham. Su investigación se centra en la búsqueda de fuentes alternativas de proteínas, como los insectos. Trabaja en microencapsulación de compuestos bioactivos para el desarrollo de alimentos funcionales. Ha participado en numerosos proyectos de investigación y es autora de artículos y capítulos publicados en revistas y libros nacionales e internacionales.

Gustavo Alberto Polenta
Bioquímico de la Universidad de Rosario (Argentina). Posee una maestría en Ciencia y Tecnología de Alimentos por la Universidad Federal de Santa Maria (Brasil) y es doctor de la Universidad de Buenos Aires (Argentina). Además es especialista en calidad industrial de alimentos. Investiga en el ámbito alimentario en el desarrollo de métodos inmunológicos en alérgenos, proteínas, gestión de calidad, prevención de pérdidas y desperdicios y poscosecha de frutas y hortalizas. Asimismo, ha coordinado varios proyectos nacionales e internacionales. Es docente en universidades nacionales y privadas, y ha publicado capítulos de libros y artículos.

María Eugenia Cozzarin
Licenciada en Ciencias Biológicas (Argentina). Trabaja como personal de apoyo en ICYTESAS, Instituto de Ciencia y Tecnología de Sistemas Alimentarios Sustentables (INTA, CONICET). Participa en las líneas de investigación sobre disminución de pérdidas y desperdicios de alimentos, rescate de alimentos no comercializables y valorización de coproductos; diseño de alimentos funcionales y diferenciados, con énfasis en compuestos bioactivos, calidad proteica y micronutrientes. Es docente en la Cátedra de Química General de la Facultad Regional Haedo, de la Universidad Tecnológica Nacional de Buenos Aires (Argentina).

Priscilla Vásquez Mazo
Doctora en Ciencias Farmacéuticas y Alimentarias por la Universidad de Antioquia (Colombia) y magíster en Bromatología y Tecnología de Industrialización de Alimentos de la Universidad de Buenos Aires (Argentina). Forma parte del Grupo de Bioquímica y Nutrición en el Instituto de Tecnología de Alimentos del INTA (Instituto Nacional de Tecnología Agropecuaria). Posee experiencia en investigación y docencia, enfocándose en el desarrollo y ejecución de proyectos que implementan métodos *in silico*, analíticos y de control para la fabricación de productos alimentarios. Su trayectoria abarca el estudio de proteínas, su comportamiento en sistemas de digestión gastrointestinal *in vitro*, así como la aplicación de técnicas analíticas para determinar propiedades bioactivas y tecnofuncionales de los alimentos.

Valeria Fernández Arhex

Doctora en Ciencias Biológicas por la Universidad de Buenos Aires e investigadora independiente en el Instituto de Investigaciones Forestales y Agropecuarias Bariloche (INTA-CONICET). Lidera el Grupo de Estudios Socioecológicos del Territorio de la Patagonia Argentina y participa en comités académicos y directivos vinculados a la biodiversidad. Su investigación se orienta al impacto de factores biológicos en sistemas agrícola-ganaderos, con énfasis en la influencia de herbívoros y carnívoros. Desarrolla herramientas para mitigar daños ecológicos, sociales y económicos provocados por la fauna perjudicial en la Patagonia. Además, impulsa la elaboración de alimentos alternativos para animales a partir de insectos nutritivos, incluyendo especies plaga.

José María Hernández

Doctor en Biología por la Universidad Complutense de Madrid. Miembro del Grupo de Investigación en Biología y Biodiversidad de Artrópodos en la misma Universidad, su interés principal es la biología del comportamiento en Coleoptera y Formicidae, temas sobre los que ha realizado un centenar de publicaciones entre artículos en revistas científicas y comunicaciones en congresos. Trabaja en la Universidad Complutense de Madrid en la implantación y desarrollo de nuevas tecnologías aplicadas a la biología. Ha participado en varios proyectos de cooperación para el desarrollo y ha colaborado en diversos medios de comunicación con espacios de divulgación científica.

José Manuel Pino Moreno
Licenciado en Biología y maestro en Ciencias por la Facultad de Ciencias de la Universidad Nacional Autónoma de México (UNAM). Ha publicado como autor o coautor numerosos artículos, libros y capítulos de libros nacionales e internacionales. Ha impartido conferencias y participado en varios proyectos de investigación referentes a insectos comestibles, medicinales y recicladores de desechos orgánicos, así como en la reproducción semiindustrial de *Tenebrio molitor* y su utilización en la alimentación de borregos. Actualmente es miembro del comité editorial de la revista *Journal of Insects as Food and Feed* y desde 1977 forma parte del personal académico de la UNAM.

Ascensión Marcos
Pionera en el campo de la inmunonutrición, es profesora de Investigación del CSIC y fundadora del Grupo de Investigación del CSIC. Presidenta de la International Society for Immunonutrition (ISIN). Fue presidenta de la Federación Española de Sociedades de Nutrición, Alimentación y Dietética (FESNAD) y de la Federation of European Nutrition Societies (FENS). Es vocal de la Sociedad Española de Nutrición (SEÑ), vocal de Asuntos Institucionales de la Sociedad Española de Microbiota, Probióticos y Prebióticos (SEMiPyP), académica de número de la Real Academia Nacional de Farmacia (RANF), académica de número de la Real Academia de Farmacia de Cataluña y profesora honorífica de la UCM.

María Monsalve
Doctora en Bioquímica y Biología Molecular por la Universidad Autónoma de Madrid. Investigadora Científica del CSIC y jefa del Grupo de Investigación Función Mitocondrial en la Salud y la Enfermedad del Instituto de Investigaciones Biomédicas Sols-Morreale (CSIC-UAM). Desde 2003 ha liderado de manera continuada proyectos nacionales competitivos y ha coordinado dos proyectos europeos. Actualmente es miembro del Comité Ejecutivo de la Conexión CSIC COMETA, miembro de la Junta directiva de la Sociedad Española de Bioquímica y Biología Molecular (SEBBM) y vicepresidenta del Grupo Español de Investigación en Radicales Libres (GEIRLI).

Esther Nova Rebato
Doctora en Biología por la Universidad Complutense de Madrid e Investigadora Científica en el Instituto de Ciencia y Tecnología de Alimentos y Nutrición (ICTAN) del CSIC. Ha dirigido múltiples estudios de intervención nutricional en humanos, en especial en el campo de los probióticos y alimentos vegetales ricos en antioxidantes. Actualmente aborda, con una perspectiva desde la psiconeuroinmunología, la importancia del estilo de vida y la microbiota en enfermedades relacionadas con la nutrición y la inflamación. Ha publicado más de 90 artículos con índice de impacto y más de 60 capítulos en libros. Completa su trayectoria profesional con labores docentes y de revisora.

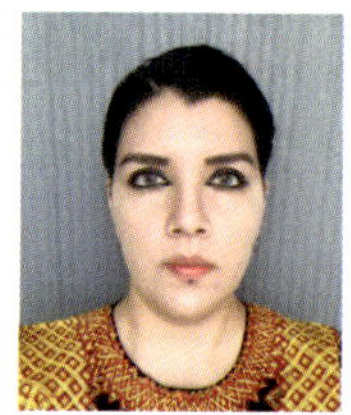

Norma Esmeralda Castañeda Jiménez
Licenciada en Ciencias de la Educación por la Universidad José Vasconcelos en Oaxaca (México) y licenciada en Nutrición por la Universidad de Guadalajara y maestra en Ciencia del Comportamiento con orientación en Alimentación y Nutrición por la Universidad de Guadalajara (México).

Elia Herminia Valdés Miramontes
Química farmacobióloga y maestra en Ciencias de los Alimentos por la Universidad de Guadalajara. Doctora en Ciencias en Biosistemática, Ecología y Manejo de Recursos Naturales y Agrícolas. Cuenta con reconocimiento PRODEP otorgado por la Secretaría de Educación Pública (México) y es miembro del Sistema Nacional de Investigadores (SNI). Ha participado como autora y coautora en diversas publicaciones científicas, y ha dirigido y codirigido tesis de licenciatura y posgrado. Es responsable del desarrollo de proyectos de investigación y ha colaborado activamente en actividades de vinculación académica con instituciones nacionales e internacionales.

Annamaria Filomena Ambrosio

Ingeniera de producción agroindustrial y magíster en Diseño y Gestión de Procesos de la Universidad de La Sabana, donde es también profesora. Ha investigado sobre el desarrollo de perfiles sensoriales para el diseño de alimentos con énfasis en aplicaciones gastronómicas. Miembro del Grupo de Investigación Alimentación, Gestión de Procesos y Servicios, así como del Grupo de Procesos Agroindustriales, donde también es profesora. Doctoranda en Ciencia, Tecnología y Gestión Alimentaria en la Universitat Politècnica de València (UPV).

Bibiana Ramírez Pulido

Gastrónoma de la Universidad de La Sabana y magíster en Ciencia e Ingeniería de los Alimentos de la Universitat Politècnica de València (UPV). Profesora de la Universidad de La Sabana. Ha realizado actividades de investigación en el Instituto de Ingeniería de Alimentos para el Desarrollo de la UPV, principalmente en las áreas de desarrollo de alimentos funcionales y revalorización de residuos de la industria alimentaria. Es *alumni* del Programa Internacional de Acción Climática y Sistemas de Innovación del Instituto Europeo de la Innovación y Tecnología. Ha participado en investigaciones relacionadas con el análisis sensorial y las propiedades fisicoquímicas de los alimentos, y cuenta con experiencia en el desarrollo de productos alimenticios innovadores, sostenibles y nutritivos.

Luz Indira Sotelo Díaz
Profesora titular con formación en Ingeniería de Alimentos, doctora en Ciencia y Tecnología de Alimentos por la Universidad Politécnica de Valencia. Becaria posdoctoral de la Fundación Carolina Año 2010 y profesora titular en la Universidad de La Sabana desde 2016. Es la creadora del Grupo de Investigación Alimentación, Gestión de Procesos y Servicio.

María Paula Deaza Fernández
Gastrónoma de la Universidad de La Sabana y magíster en Innovación y Liderazgo culinario del Institut Paul Bocuse de Francia. Doctoranda en Biociencias de la Universidad de La Sabana, donde es también profesora. Ha trabajado en el desarrollo y mejoramiento de productos para la industria alimentaria europea, así como en campañas de *marketing* para el fomento de productos de bajo consumo y alto valor nutricional, y en procesos de innovación y desarrollo de productos alimentarios.

Eraldo Costa Neto
Doctor en Ecología y Recursos Naturales por la Universidad Federal de São Carlos (2003) y profesor titular de la Universidad Estadual de Feira de Santana (Brasil). Coordinador del Programa de posgrado en Ecología y Evolución (2025-2027). Investigador asociado al proyecto de investigación LATINSECT financiado por la ANR, Francia. Su investigación se centra en las áreas de etnoentomología, etnozoología, entomofagia y patrimonio biocultural. Trabaja en los programas de posgrado en Botánica y Ecología y Evolución, ambos en la UEFS, y Etnobiología y Estudios Bioculturales, en Unicauca (Colombia).

Esther Katz
Doctora en Antropología Social por la Universidad de París X, Francia. Directora de investigación emérita en el IRD (Institut de Recherche pour le Développement) en el equipo conjunto IRD/MNHN/CNRS "Patrimonios Locales, Medio Ambiente y Globalización" (UMR 208 PALOC), con sede en el MNHN (Museo Nacional de Historia Natural) en París, Francia. Sus principales temas de investigación se han centrado en la relación entre sociedades y medioambiente (antropología de la alimentación, etnobiología, antropología del clima). Actualmente coordina el proyecto sobre insectos comestibles en América Latina, financiado por la ANR (Agence Nationale de la Recherche), Francia.

Julie Cavignac
Antropóloga, doctora en Etnología y Sociología Comparada por la Universidad de París X Nanterre (Francia). Profesora titular y actual subdirectora del Departamento de Antropología y miembro permanente del programa de postgrado en Antropología Social de la Universidad Federal de Rio Grande do Norte (UFRN). Miembro de la Comisión de Patrimonio y Museos de la Asociación Brasileña de Antropología (ABA). Investigadora asociada al equipo conjunto IRD/MNHN/CNRS "Patrimonios Locales, Medio Ambiente y Globalización" (UMR 208 PALOC), con sede en el Museo Nacional de Historia Natural (Francia) y al proyecto de investigación LATINSECT, financiado por la ANR, Francia. Sus temas de investigación son el patrimonio, la tradición oral, la memoria, y las comunidades afrodescendientes.

Juanita Trejos-Suárez
Bacterióloga y profesora en la Universidad de Santander (Colombia), MSc en Ciencias Biomédicas y PhD (c) en Enfermedades Infecciosas. Sus líneas de investigación se enfocan en la resistencia antimicrobiana y la búsqueda de nuevas moléculas. Su labor académica abarca la microbiología clínica, la seguridad alimentaria y la inmunología clínica. Lidera proyectos sobre mecanismos de resistencia bacteriana y seguridad alimentaria, con énfasis en salud pública. Dirige el semillero de investigación Inmunidad e Infección y participa activamente en redes internacionales sobre resistencia antimicrobiana.

Enrique Baquero
Doctor en Biología y Medioambiente por la Universidad de Navarra. Profesor titular y director del Departamento de Biología Ambiental de la Universidad de Navarra. Su investigación se centra en el estudio de la biodiversidad del taxón Collembola, hexápodos similares a los insectos. Desde 2024, es subdirector del Museo de Ciencias de la Universidad de Navarra, que se ubicará en el futuro Centro Bioma, en Pamplona. Además, realiza labores de transferencia en zoología aplicada como responsable del Servicio de Identificación de Animales. Es colaborador de la iniciativa SANTE (Sustainable and Affordable Nutrition for a Transformative Empowerment), contribuyendo con su experiencia en biodiversidad y entomología aplicada a la nutrición.

Andrea Aquino Blanco
Nutricionista clínica por la Universidad Francisco Marroquín en Guatemala, con especialización en VIH, nutrición materno-infantil y lactancia materna. Ha desarrollado su carrera en contextos de pobreza, brindando recomendaciones nutricionales adaptadas a entornos de inseguridad alimentaria. Su experiencia incluye el tratamiento de niños con malnutrición, particularmente en el contexto del VIH, lo que le ha permitido comprender las complejas interacciones entre la salud nutricional y las condiciones socioeconómicas adversas. Actualmente, forma parte del equipo de la iniciativa SANTE (Sustainable and Affordable Nutrition for a Transformative Empowerment), contribuyendo con su experiencia en la malnutrición infantil en contextos de pobreza.

Nerea Martín Calvo
Médico especialista en pediatría y doctora en investigación en Medicina Aplicada por la Universidad de Navarra. Profesora titular de Medicina Preventiva y Salud Pública en la Universidad de Navarra. Su actividad investigadora se centra en epidemiología nutricional, salud infantil y estrategias sostenibles para la prevención de enfermedades crónicas desde la infancia. Fundadora y directora del Proyecto SENDO (Seguimiento del Niño para un Desarrollo Óptimo), una cohorte pediátrica que investiga el impacto de la dieta y el estilo de vida en la salud infantil y adolescente. También lidera la iniciativa SANTE (Sustainable and Affordable Nutrition for a Transformative Empowerment), un estudio de intervención nutricional con polvo de *Tenebrio molitor* en niños con desnutrición crónica en la República Democrática del Congo.

Laura Beatriz Herrero Montarelo
Licenciada en Veterinaria por la Universidad Complutense de Madrid. Funcionaria del Estado (Grupo A1) desde 2002. Hasta 2011 ha trabajado como inspectora de Sanidad Exterior en Algeciras. Actualmente, ejerce como jefa del Servicio de Gestión de Riesgos Nutricionales en el organismo autónomo Agencia Española de Seguridad Alimentaria y Nutrición (AESAN OA), donde es responsable de la gestión de los nuevos alimentos a nivel nacional. Es miembro del Grupo de Investigación de Nuevos alimentos de la Comisión Europea.

Natalia Naranjo
Doctora en Entomología por la Universidad de São Paulo y experta en agronegocio. Es investigadora y líder de proyectos en New Generation Nutrition (NGN), donde abarca áreas como la biología y el comportamiento de insectos, así como la aceptación del consumidor y la formulación de modelos de negocio sostenibles para insectos comestibles. Gestiona proyectos de impacto social y ambiental en iniciativas internacionales en Europa, África y Sudamérica.

Guadalupe Morales de Léon
Especialista en Pediatría en el Hospital ISSSTEP Puebla, México, y subespecialista en alergia e inmunología clínica en el Hospital Universitario de la misma localidad. Máster en Microbiota, Probióticos y Prebióticos, por la Universidad Europea de Madrid. Posee una maestría en Ciencias Avanzadas de la Nutrición Humana, por la Universidad Internacional de Valencia. Asimismo, es máster en Medicina Antienvejecimiento y Longevidad, por la Universidad de Barcelona. Es médica adscrita al Servicio de Alergología en el Hospital ISSSTEP, Puebla y es profesora de Alergología e Inmunología de la Facultad de Medicina de la Benemérita Universidad Autónoma de Puebla. Es presidenta del Colegio de Alergia e Inmunología de Puebla, Capítulo Centro CMICA, 2024-2025.

Daniela Rivero Yeverino
Alergóloga e inmunóloga clínica. Es pediatra, maestra en Educación y pertenece al servicio de alergia e inmunología clínica del Hospital Universitario de Puebla, de la Benemérita Universidad Autónoma de Puebla. Es miembro del Sistema Nacional de Investigadores nivel I y ha editado los libros *Inmunoalergia para médicos de primer contacto* y *Alergia alimentaria: de la teoría a la práctica*.

Elisa Ortega Jordá Rodríguez
Médica cirujana y partera por Universidad Autónoma de San Luis Potosí, México. Es pediatra, alergóloga e inmunóloga en la Clínica por la Benemérita Universidad Autónoma de Puebla, México. Realiza práctica privada en Hospital Ángeles de Puebla, México. Sus áreas de interés son la alergia alimentaria, la rinitis alérgica, el asma y la alergia molecular. Entre sus actividades Académicas destaca su labor como subsecretaria en la mesa directiva del Colegio de Alergia e Inmunología de Puebla, 2024-2025. Es editora y coautora del libro *Alergia alimentaria: de la teoría a la práctica*, y asimismo coautora de la *Guía de alergia molecular mexicana* y de *Todo de asma*, en el capítulo “Microbioma y nutrigenómica”.

Gonzalo Delgado-Pando
Doctor en Ciencia y Tecnología de Alimentos y Nutrición por la Universidad Complutense de Madrid e investigador del Instituto de Ciencia y Tecnología de Alimentos y Nutrición (ICTAN-CSIC). Dirige el grupo de investigación DIGISEN, centrado en la aplicación de tecnologías digitales en el análisis sensorial y del consumidor que ayuden a mejorar la sostenibilidad y la calidad en el campo de la alimentación.

Tatiana Pintado
Doctora en Ciencias de la Alimentación por la Universidad Complutense de Madrid. Pertenece al grupo DIGISEN, del Instituto de Ciencia y Tecnología de Alimentos y Nutrición (ICTAN-CSIC) y es responsable de la Unidad de Servicio de Análisis Sensorial del mismo centro. Es docente en el Máster Universitario en Gestión de la Seguridad Alimentaria de la Universidad Internacional de la Rioja (UNIR).

Ashalley Fabián Valle Guerrero
Cocinero y chef originario de Bogotá, Distrito Capital, Colombia. Posee experiencia en la apertura de restaurantes en Medellín. Su actividad se centra en la creación de platos innovadores y en la constante actualización culinaria. Destaca en técnicas de salteado, mezcla de sabores, cortes y cocciones de carnes, marinados y sellados. Cuenta con experiencia en el uso de insectos comestibles como ingrediente culinario, integrándolos en recetas contemporáneas para aportar valor nutricional, sostenibilidad y originalidad.

Daniela Quiñones Padilla
Cocinera y chef originaria de Durango, México, certificada en artes culinarias por la Secretaria de Educación Pública. Es estudiante de licenciatura en Seguridad Alimentaria (UNADM) y propietaria de Francisca Cocina Creativa. Ha trabajado en proyectos gastronómicos dentro y fuera del país, y ha participado en seminarios y diplomados.

Títulos de la colección Divulgación

1. *Cambio global*
   Carlos M. Duarte

2. *Nuevos materiales*
   Carmen Mijangos y José Serafín Moya

3. *La gripe aviar*
   Juan Ortín

4. *Un viaje al Cosmos*
   Antxón Alberdi y Silbia López de Lacalle

5. *Doñana*
   Héctor Garrido

6. *Claroscuro del Universo*
   Mariano Moles Villamate

7. *Invasiones biológicas*
   Montserrat Vilà, FernandoValladares, Anna Traveset,
   Luis Santamaría y Pilar Castro

8. *Guadiamar*
   Héctor Garrido

9. *La alimentación en el siglo XXI*
   Rosina López Fandiño e Isabel Medina Méndez

10. *Terremotos*
Arantza Ugalde

11. *Cambio global* (edición ampliada)
Carlos M. Duarte

12. *Imágenes de los iberos*
Susana González Reyero y Carmen Rueda Galán

13. *Océano*
Carlos M. Duarte

14. *Energía sin* CO_2
Rosa Menéndez y Rafael Moliner

15. *Astrobiología*
Álvaro Giménez Cañete, Javier Gómez-Elvira y Daniel Martín Mayorga

16. *Malaspina 2010*
Santos Casado

17. *Microbios en acción*
Emilio O. Casamayor y Josep M. Gasol

18. *Las plantas silvestres en España*
Ramón Morales

19. *A través del cristal*
Martín Martínez-Ripoll, Juan A. Hermoso
y Armando Albert

20. *Censos aéreos de aves acuáticas en Doñana*
Jacinto Román y Montserrat Vilà

21. *La luz. Ciencia y tecnología*
Sergio Barbero, Carlos Dorronsoro y José Gonzalo

22. *Protagonistas de la ciencia*
Mónica Lara y Pilar Tigeras

23. *La Isla de Pascua*
Valentí Rull

24. *Las legumbres*
Alfonso Clemente y Antonio M. de Ron

25. *La reproducción en la Prehistoria*
Assumpció Vila-Mitjà, Jordi Estévez, Francesca Lugli y Jordi Grau

26. *Donde habitan los dragones*
María Teresa Tellería

27. *El mercurio*
María Antonia López Antón y María Rosa Martínez Tarazona

28. *Descubriendo la luz*
María Viñas Peña

29. *Sostenibilidad y áreas protegidas en España*
David Rodríguez Rodríguez y Javier Martínez Vega

30. *Instrumentos de la ciencia española*
Esteban Moreno Gómez

31. *La pesca recreativa*
Beatriz Morales-Nin y Javier Lobón-Cerviá

32. *En búsqueda de las especias*
Pablo Vargas Gómez (ed.)

33. *El desierto de Atacama*
Carlos Pedrós-Alió

34. *Observando los polos*
Vanessa Balagué, Clara Cardelús y Magda Vila (eds.)

35. *Welcome to the Glass Age*
Alicia Durán and John M. Parker (eds.)

36. *La edad del vidrio*
Alicia Durán and John M. Parker (eds.)

37. *Tesoros naturales de Guinea Ecuatorial*
Antonio Rosas (ed.)

38. *Las moléculas que comemos*
Inmaculada Yruela Guerrero e Isabel Varela-Nieto

39. *Desvelando los paisajes submarinos*
Montserrat Demestre (ed.)

40. *Celebrating glass, achieving sustainability, inspiring transformation*
Alicia Durán and John M. Parker (eds.)

41. *Biodiversidad*
Carlos Pedrós-Alió

42. *Geomorfología submarina*
Ruth Durán, Aaron Micallef, Alessandra Savini y Sebastian Krastel (eds.)